NOUVELLES
EXPÉRIENCES

SUR

L'ADHÉRENCE DES PIERRES ET DES BRIQUES

POSÉES EN BAIN DE MORTIER OU SCELLÉES EN PLATRE,

LE FROTTEMENT DES AXES DE ROTATION,

LA VARIATION DE TENSION DES COURROIES OU CORDES SANS FIN

EMPLOYÉES A LA TRANSMISSION DU MOUVEMENT,

ET LE FROTTEMENT DES COURROIES A LA SURFACE DES TAMBOURS,

FAITES A METZ EN 1834,

PAR

ARTHUR MORIN,

Capitaine d'Artillerie, ancien élève de l'école Polytechnique, professeur de machines à l'école d'Application
de l'Artillerie et du Génie, membre de l'Académie Royale de Metz.

PARIS.

CARILLAN-GOEURY, LIBRAIRE, QUAI DES AUGUSTINS.

—

1838.

16253.

NOUVELLES
EXPÉRIENCES

SUR

L'ADHÉRENCE DES PIERRES ET DES BRIQUES

POSÉES EN BAIN DE MORTIER OU SCELLÉES EN PLATRE,

LE FROTTEMENT DES AXES DE ROTATION,

LA VARIATION DE TENSION DES COURROIES OU CORDES SANS FIN

EMPLOYÉES A LA TRANSMISSION DU MOUVEMENT,

ET LE FROTTEMENT DES COURROIES A LA SURFACE DES TAMBOURS,

FAITES A METZ EN 1834,

PAR

ARTHUR MORIN,

Capitaine d'Artillerie, ancien élève de l'école Polytechnique, professeur de machines à l'école d'Application
de l'Artillerie et du Génie, membre de l'Académie Royale de Metz.

PARIS.

CARILLAN-GOEURY, LIBRAIRE, QUAI DES AUGUSTINS.

1838.

AVANT-PROPOS.

Les expériences dont il est question dans ce mémoire forment la suite et le complément de celles qui ont fait le sujet des trois mémoires précédens, publiés dans le recueil des savans étrangers par l'ordre de l'Académie des Sciences. Elles avaient été soumises, dès la fin de 1834, au jugement de cette illustre Société ; mais diverses circonstances, au premier rang desquelles il faut placer la perte du savant M. Navier, qui avait bien voulu se charger des fonctions de rapporteur, ayant retardé jusqu'à ce jour cet examen, nous nous sommes décidé à les publier, pour ne pas laisser une lacune dans un travail qui nous a occupé plusieurs années, mais sans renoncer, toutefois, à l'espoir d'obtenir, pour ce mémoire, l'approbation que l'Académie a bien voulu accorder aux précédens.

Ce volume contient, en outre, un résumé général de tous les résultats de nos recherches sur le frottement.

EXPÉRIENCES

SUR

L'ADHÉRENCE DES PIERRES ET DES BRIQUES

POSÉES EN BAIN DE MORTIER OU SCELLÉES EN PLATRE.

1. BUT PARTICULIER DES EXPÉRIENCES. Les expériences, dont il va être question, n'ont pas eu pour but direct de rechercher ou de vérifier les lois de la cohésion ou de l'adhérence des mortiers, mais seulement de reconnaître et de constater une époque à laquelle celles du frottement cessent d'être applicables au glissement des assises et des joints de maçonnerie. Dans mon précédent Mémoire *, j'ai rapporté un assez grand nombre d'expériences qui prouvent qu'à l'instant de la pose, après vingt-quatre heures et même après huit jours, pour certains mortiers, la résistance des joints dans le sens de leur surface est indépendante de

* Troisième Mémoire sur les nouvelles expériences sur le frottement, pages 31 et suivantes.

I

l'étendue de la surface et proportionnelle à la pression. Mais dans ces expériences le mortier, qui, après huit jours de contact paraissait sec, pouvait ne pas avoir pris encore une consistance suffisante pour que la cohésion eût acquis une intensité supérieure au frottement et par suite une influence notable sur les résultats. D'ailleurs l'enlèvement des cintres ou des charpentes de support ne se fait ordinairement que quarante jours environ après la pose et c'était par conséquent vers cette époque qu'il était important, pour les questions de stabilité, de constater le changement qui s'est produit dans la résistance des joints au glissement, lorsqu'après avoir été un frottement ordinaire, elle devient adhérence ou cohésion. On voit que j'ai restreint mes recherches aux seules circonstances qui présentaient quelque connexion à l'étude que j'ai entreprise sur le frottement, et que je n'ai eu en vue que d'assigner en quelque sorte une limite, au-delà de laquelle les lois que j'avais reconnues cessent et sont remplacées par d'autres relatives à un ordre d'effets différent.

2. DISPOSITION DE L'APPAREIL. L'appareil employé pour ces expériences est fort simple; des pierres de gros échantillons, dont la surface supérieure était bien dressée, étaient disposées sur deux rangs parallèles et dans la direction de l'axe longitudinal du banc employé précédemment aux expériences sur le frottement, mais de l'autre côté, par rapport à la poulie de renvoi. L'emplacement, dont je pouvais disposer, était assez vaste pour me permettre d'y placer ainsi trente à quarante pierres sur deux rangs. Les surfaces supérieures étaient mises de niveau avec soin, et disposées de façon que les pierres les plus basses étaient le plus près de la poulie de renvoi, sur laquelle passait, pour descendre dans la fosse, la corde qui, embrassant par une de ses extrémités la pierre à détacher et sollicitée à l'autre par le poids d'une caisse chargée de boulets, servait ainsi à arracher les pierres, que l'on avait posées en bain de mortier ou scellées en plâtre sur les

premières. Au moyen de cette disposition, la corde, fortement tendue, n'éprouvait aucun frottement sur les assises comprises entre la poulie et la pierre à détacher.

Comme je me proposais de faire glisser ou d'arracher les pierres parallèlement au plan de joint, il fallait que l'effort de traction fût dirigé dans ce plan même, afin que les pierres ne fussent pas exposées à tourner autour de leur arête antérieure. Pour y parvenir j'ai employé, pour embrasser les pierres à arracher, un cordage de $0^m,015$ de diamètre, de sorte que l'épaisseur de la couche de mortier étant toujours de $0^m,008$ à $0^m,010$, le plan moyen de traction était toujours compris entre les deux surfaces de joint des pierres. Mais cette corde étant par sa forme susceptible d'agir sur la pierre supérieure par une partie de sa surface courbe et de la soulever à la queue, comme un coin, ce qui produisait alors un arrachement de l'arrière à l'avant, j'ai remédié à cet inconvénient en arrondissant légèrement les angles postérieurs des pierres et en les garnissant de deux quarts de cercle en tôle forte, qui se posaient verticalement jusqu'à l'assise et sur lesquels venait ensuite s'enrouler la corde ronde, que l'on descendait d'ailleurs le plus bas possible. Au moyen de cette précaution, j'ai totalement évité les arrachemens par rotation, qui avaient fait manquer quelques-unes des premières expériences.

A la corde de $0^m,015$ de diamètre, qui embrassait ainsi les pierres, ou accrochait l'extrémité de la corde tressée méplate employée aux précédentes expériences. La poulie de renvoi et les supports étaient les mêmes, de sorte que la raideur de la corde et le frottement avaient sur la tension du brin horizontal une influence déjà appréciée, et qu'en désignant par

P le poids de la caisse et de sa charge,

T la tension du brin horizontal,

on avait, comme par le passé (voyez le premier Mémoire)

$$T = 0,95\,P.$$

Voulant reconnaître l'influence de l'étendue de la surface du joint et celle de la pression normale exercée, soit au moment de la pose, soit à celui de l'arrachement, j'ai fait varier les surfaces depuis $0^{mq},010$ jusqu'à $0^{mq},084$, puis des pierres de même surface ont été posées en bain de mortier ou de plâtre en même temps, les unes sans charge additionnelle, les autres avec une charge composée de boulets contenus dans une caisse placée sur la pierre. Lors de l'arrachement les unes de ces pierres étaient déchargées, avec les précautions nécessaires pour ne pas les ébranler et les autres étaient arrachées avec leurs charges.

Pour rendre les circonstances de l'expérience les mêmes, autant que possible, pour toutes les pierres, on les a mises en place le même jour et arrachées ensuite, après la même durée de contact. Dans la première série d'expériences cette durée a été de 43 jours, et dans la seconde de 48 ; la différence de 5 jours a été indépendante de ma volonté.

Le mortier était composé de trois parties de sable fin de la Moselle, sans cailloux, et d'une partie de chaux hydraulique de Vallières, près Metz, préparée au rabot à la manière ordinaire des maçons du pays.

3. DISPOSITION DES TABLEAUX. Ces détails sont sans doute plus que suffisans pour faire comprendre le mode d'expérimentation adopté, et comment on a établi les résultats contenus dans les tableaux suivans.

La première colonne contient les numéros d'ordre des expériences.

La deuxième, l'étendue de la surface de contact ou de rupture.

La troisième, la pression au moment de la pose, y compris le poids propre de la pierre.

La quatrième, la pression au moment de l'arrachement.

La cinquième, l'effort moteur ou la tension de la corde au moment de la rupture, déduite de la formule $T = 0,95\,P$.

La sixième, la durée du contact.

La septième, le rapport de l'effort moteur à la surface ou la résistance par mètre quarré.

TABLEAU Nº I.

4. EXPÉRIENCES SUR L'ADHÉRENCE DES PIERRES DE JAUMONT (CALCAIRE OOLITHIQUE) POSÉES EN BAIN DE MORTIER SUR DES PIERRES DE JAUMONT.

NUMÉROS des expériences	ETENDUE de la surface de contact.	PRESSION		EFFORT moteur.	DURÉE du contact.	RÉSISTANCE par mètre quarré.	OBSERVATIONS.
		au moment de la pose.	au moment de l'arrachement.				
	mq	kil.	kil.	kil.		kil.	
1	0,0200	48,74	48,74	199,25		9359	
2	0,0266	195,62	195,62	295,25		11401	
3	0,0266	8,25	8,25	235,25	Du	8844	
4	0,0252	195,62	195,62	295,25		11126	
5	0,0266	116,10	8,50	331,25	19 juillet	11830	
6	0,0259	161,12	161,12	247,25	au	9030	
7	0,0210	6,30	6,30	247,25	1er septemb.	11137	
8	0,0266	5,50	5,50	259,25	ou	9258	
9	0,0239	59,92	6,20	211,25		8438	
10	0,0210	7,12	7,12	223,25	43 jours.	10099	
11	0,0228	8,62	8,62	247,25		10258	
12	0,0755	251,42	251,42	745,25		9377	
1	0,0100	146,50	146,50	194		18430	
2	0,0100	2,00	2,00	158		15010	
3	0,0094	175,00	175,00	260		26255	
4	0,0095	1,40	1,40	200		18942	
5	0,0259	8,00	8,00	278	Du	10312	
6	0,0252	9,00	9,00	326	5 septembre	16259	
7	0,0252	8,00	8,00	278	au	10478	
8	0,0275	8,00	8,00	326	23 octobre,	10898	
9	0,0236	8,00	8,00	260	ou	10466	
10	0,0256	5,50	5,50	248	48 jours.	9203	
11	0,0289	253,90	253,90	410		13477	
12	0,0300	6,20	6,20	452		14313	
13	0,0400	9,95	9,95	548		13015	
14	0,0342	197,50	197,50	420		11374	
15	0,0477	202,70	202,70	506		10077	
16	0,0527	197,30	197,30	542			

Suite du TABLEAU N° I.

EXPÉRIENCES SUR L'ADHÉRENCE DES PIERRES DE JAUMONT (CALCAIRE OOLITHIQUE) POSÉES EN BAIN DE MORTIER SUR DES PIERRES DE JAUMONT.

NUMÉROS des expériences	ÉTENDUE de la surface de contact.	PRESSION au moment de la pose.	PRESSION au moment de l'arrachement.	EFFORT moteur.	DURÉE du contact.	RÉSISTANCE par mètre quarré.	OBSERVATIONS.
	mq	kil.	kil.	kil.		kil.	
17	0,0541	260,21	260,21	702		11957	
18	0,0551	142,10	142,10	468		8069	
19	0,0536	225,00	225,00	584		10351	
20	0,0541	242,20	242,20	452		7937	
21	0,0518	9,80	9,80	434	Du	7959	
22	0,0527	10,70	10,70	470	5 septembre	8472	
23	0,0567	189,40	16,00	662	au	11072	
24	0,0784	282,30	282,30	932	23 octobre,	11293	
25	0,0783	158,90	158,90	750		9099	
26	0,0798	157,50	157,90	816	ou	9727	
27	0,0797	15,00	15,00	690	48 jours.	8350	
28	0,0798	278,00	31,00	810		9643	
29	0,0812	19,50	19,50	738		8634	
30	0,0841	196,90	23,50	822		9285	
1	0,0100	75,24	2,00	193,25	Du	18359	
2	0,0100	2,00	2,00	193,25	28 avril au	18359	
3	0,0200	4,20	4,20	277,25	19 juillet,	13169	
4	0,0630	27,00	27,00	839,25	ou 82 jours.	12655	

5. OBSERVATIONS SUR LES RÉSULTATS CONTENUS DANS LE TABLEAU PRÉCÉDENT. En examinant les résultats précédens, on voit d'abord que la résistance à l'arrachement paraît être proportionnelle à l'étendue de la surface de contact et qu'en la rapportant au mètre quarré elle a pour valeur moyenne générale 10307 kil.

La première série d'expériences, comprenant les douze premières, où la durée du contact a été de 43 jours, du 19 juillet au 1er septembre 1834, donne pour moyenne de la résistance par mètre quarré, des onze premières, où la surface était toujours comprise entre 0^{mq},020 et 0^{mq},027, 10071 kilogrammes. La douzième et

dernière expérience de cette série a donné pour la même résistance 9377 kilogrammes, et la moyenne générale de cette série
donne 10013 kilogrammes par mètre quarré.

La deuxième série, dont nous exclurons pour en parler à part
les quatre premières expériences, donne pour moyenne de la
résistance par mètre quarré

Pour des surfaces de 0,026 à 0,030 environ,   11926 kil.
Pour des surfaces de 0,040 à 0,057 environ,   10005
Pour des surfaces de 0,078 à 0,084 environ,   9433

Ces résultats dont la moyenne générale donne 10307 kilog.
pour la résistance par mètre quarré, confirment que la résistance
est proportionnelle à l'étendue de la surface de contact.

On remarque cependant une diminution assez sensible à mesure
que la surface de contact augmente, et elle serait encore plus
notable, si nous avions fait entrer dans le calcul de la résistance
moyenne les quatre premières expériences relatives à des surfaces
de 0,0101 environ. On voit, en effet, que dans ces quatre premières expériences la résistance s'élève moyennement à 19659 kil.
par mètre quarré. Mais si l'on compare ce résultat avec ceux des
expériences 1, 2 et 3 de la troisième série du même tableau,
où le contact avait duré 82 jours, et qui paraissent assigner à la
résistance la même valeur, on sera sans doute porté à admettre
que, par suite de la faible étendue de la surface de contact, le
mortier avait atteint un degré de dessication bien supérieur à celui
qui avait eu lieu pour des surfaces plus étendues et que c'est à
cette cause qu'il faut attribuer l'excès apparent de résistance des
petites surfaces sur les grandes. La différence d'ailleurs assez faible
comparativement à celles qui existent parfois entre les résultats
des expériences relatives à des surfaces de même étendue, n'étant
pas dans le rapport des surfaces, elle ne me semble pas assez
notable pour empêcher de conclure, comme résultat général de

ces expériences, que la résistance est proportionnelle à l'étendue de la surface de contact, et que, pour le mortier composé de trois parties de sable fin de la Moselle et d'une partie de chaux hydraulique, elle est moyennement de 10307 kilogrammes par mètre quarré. Ce résultat surpasse beaucoup la valeur que M. Boistard assigne à cette résistance et qui n'est que de 6960 kilogrammes par mètre quarré, mais la différence peut provenir de la qualité des chaux employées.

Si maintenant nous comparons les résultats sous le rapport de l'influence de la pression normale exercée au moment de la pose des pierres en bain de mortier, ou à celui de l'arrachement, nous voyons :

1° Que pour les expériences 3, 7, 8, 10, 11 de la première série et 5, 6, 7, 8, 9, 10, 12, 13, 21, 22, 27, 29 de la seconde série, au nombre total de 17, où il n'y avait d'autre pression que le poids propre de la pierre, la résistance moyenne est de 10304 kilogrammes par mètre quarré;

2° Que pour les expériences 1, 2, 4, 6, 12 de la première série et 11, 14, 15, 16, 17, 18, 19, 20, 24, 25, 26 de la seconde série, au nombre total de 16, où il y avait, au moment de la pose et à celui de l'arrachement, une pression additionnelle, la la résistance moyenne est de 10214 kil. par mètre quarré;

3° Que pour les expériences 5 et 9 de la première série, 23, 28 et 30 de la seconde au nombre 5, où la pression additionnelle exercée au moment de la pose avait été enlevée avant l'arrachement, la résistance moyenne est de 10536 kil. par mètre quarré.

Ces résultats moyens, qui diffèrent bien moins entre eux que ceux que l'on déduit des expériences faites dans des circonstances en apparence identiques, permettent, je crois, de conclure que la cohésion des mortiers est indépendante de la pression à laquelle ils sont soumis, soit au moment de la pose, soit à celui de la séparation des surfaces.

Dans la plupart des cas, on a observé que le mortier se rompait plutôt que de se séparer de l'une ou de l'autre des surfaces, ce qui montre que l'adhérence des pierres et du mortier est plus grande que la cohésion de cette dernière substance.

La réunion des résultats des expériences 1, 2, 3, 4 de la seconde série et 1 et 2 de la troisième donne pour résistance moyenne, par mètre quarré, 19242 kilog., et montre ainsi que, lorsque par suite de la faible étendue des surfaces ou d'un laps de temps suffisant pour que la dessication ait atteint un degré convenable, cette résistance augmente considérablement et devient à peu près double de ce qu'elle est à l'époque ordinaire du décintrement des voûtes.

TABLEAU N° II.

6. EXPÉRIENCES SUR L'ADHÉRENCE DES BRIQUES POSÉES EN BAIN DE MORTIER SUR LA PIERRE CALCAIRE OOLITHIQUE.

NUMÉROS des expériences	ÉTENDUE de la surface de contact.	PRESSION		EFFORT moteur.	DURÉE du contact.	RÉSISTANCE par mètre quarré.	OBSERVATIONS.
		au moment de la pose.	au moment de l'arrachement.				
	mq	kil.	kil.	kil.		kil.	
1	0,0132	51,00	51,00	212		13985	
2	0,0246	1,90	1,90	248	48	9577	
3	0,0250	1,90	1,90	260	jours.	9880	
4	0,0280	61,24	1,80	296		10043	
5	0,0280	1,80	1,80	272		9228	

7. OBSERVATIONS SUR LES RÉSULTATS CONTENUS DANS LE TABLEAU PRÉCÉDENT. Les résultats contenus dans le tableau précédent confirment ceux du tableau N° I et les conclusions qu'on en a tirées; ils assignent d'ailleurs à la résistance par mètre quarré à peu près la même valeur moyenne. Ce qui tient à ce que le mortier se rompant, plutôt que de se détacher de la brique ou de la pierre, la résistance mesurée est celle de la cohésion du mortier et non pas son adhérence aux surfaces.

TABLEAU N° III.

8. EXPÉRIENCES SUR L'ADHÉRENCE DE LA PIERRE CALCAIRE OOLITHIQUE SCELLÉE EN PLATRE SUR LA PIERRE CALCAIRE OOLITHIQUE.

NUMÉROS des expériences	ÉTENDUE de la surface de contact.	PRESSION		EFFORT moteur.	DURÉE du contact.	RÉSISTANCE par mètre quarré.	OBSERVATIONS.
		au moment de la pose.	au moment de l'arrachement.				
	mq	kil.	kil.	kil.		kil.	
1	0,0200	78,80	3,80	488		23180	
2	0,0200	3,80	3,80	380	48	18050	
3	0,0286	5,80	5,80	560	jours.	18601	
4	0,0084	1,50	1,50	164		18547	
5	0,0084	1,40	1,40	344		38904	

TABLEAU N° IV.

9. EXPÉRIENCES SUR L'ADHÉRENCE DES BRIQUES SCELLÉES EN PLATRE SUR LA PIERRE CALCAIRE OOLITHIQUE DE JAUMONT.

NUMÉROS des expériences	ÉTENDUE de la surface de contact.	PRESSION		EFFORT moteur.	DURÉE du contact.	RÉSISTANCE par mètre quarré.	OBSERVATIONS.
		au moment de la pose.	au moment de l'arrachement.				
	mq	kil.	kil.	kil.		kil.	
1	0,0121	39,47	39,47	476		37372	
2	0,0132	1,00	1,00	170		12234	
3	0,0156	1,00	1,00	260		15833	
4	0,0156	51,00	1,00	188		11448	
5	0,0250	1,90	1,90	650		24700	
6	0,0250	1,90	1,90	596		22608	
7	0,0300	2,00	2,00	416		13170	

10. OBSERVATIONS SUR LES RÉSULTATS CONTÉNUS DANS LES TABLEAUX PRÉCÉDENS (3 et 4). L'examen des résultats contenus dans les tableaux précédens montre que la résistance des joints scellés en plâtre est très-variable, puisque ses valeurs rapportées au mètre quarré diffèrent parfois du simple au double. Ces différences énormes ne permettent pas de lui assigner une valeur moyenne, et comme d'ailleurs elles ne paraissent pas dépendre du tout de l'étendue des surfaces en contact, elles doivent, je pense, être attribuées au choix du moment plus ou moins convenable de la pose des pierres, par rapport au phénomène chimique de la prise du plâtre. On sait en effet, que cette action a lieu dans un intervalle de temps assez court, au-delà duquel la liaison du plâtre avec les autres matériaux est bien moins parfaite qu'à cet instant particulier. L'observation ayant d'ailleurs fait voir que l'arrachement a presque toujours lieu par séparation des surfaces. et non par rupture, de sorte que le plâtre adhère presque toujours en entier à l'une d'elles, il s'ensuit que la résistance mesurée est ici l'adhérence des surfaces et non la cohésion du plâtre, ce qui rend très-probable la cause que je crois pouvoir assigner aux divergences remarquées dans les résultats.

Malgré leurs inégalités, les résultats consignés dans les tableaux précédens confirment, plutôt qu'ils ne contredisent, les conclusions déduites des précédens.

11. CONSÉQUENCES GÉNÉRALES. Les limites dans lesquelles j'ai restreint ces recherches paraîtront peut-être bien étroites, par rapport à l'importance de la question pour l'art des constructions ; mais je dois répéter que je ne l'ai abordée que par suite de sa connexion avec celle du frottement, que j'ai particulièrement entrepris de traiter. Je me borne donc à tirer de la comparaison des expériences précédentes avec celles des tableaux 108 et 109 de mon troisième mémoire, les conséquences suivantes :

1° Que dans les premiers instans et les premiers jours qui suivent la pose des pierres et des briques en bain de mortier et tant que le mortier n'a pas acquis un degré convenable de dessication et de dureté, la résistance des joints au glissement est proportionnelle à la pression et indépendante de l'étendue des surfaces en contact;

2° Qu'au contraire, quand la dessication des mortiers est arrivée à un certain terme, dont l'époque plus ou moins éloignée dépend de leur composition, de l'étendue des surfaces, de la masse des maçonneries et de la porosité plus ou moins grande des matériaux, cette résistance cesse de dépendre de la pression exercée, soit au moment de la pose, soit à celui de l'arrachement, et qu'elle est proportionnelle à l'étendue de la surface de rupture;

3° Que pour les pierres, qui prennent bien le mortier, cette résistance est la cohésion propre de cette substance, tandis que pour le plâtre elle n'est que l'adhérence de la pâte aux matériaux.

Ces conséquences immédiates des expériences conduisent, il me semble, à conclure que, dans la rupture des maçonneries, le frottement et la cohésion ne coëxistent pas et que ces deux résistances agissent ou seules ou successivement. Que, par exemple, dans les constructions nouvelles exposées à des poussées, à des efforts avant que les mortiers n'aient atteint le degré convenable de dessication, on devra dans le calcul de leurs conditions de stabilité faire abstraction de la cohésion, qui est ordinairement assez faible par rapport au frottement, tandis que, lorsqu'il s'agira de constructions qui ne devront être soumises à des efforts qu'après un intervalle de temps convenable, écoulé depuis leur établissement, on ne devra tenir compte que de la cohésion ou du frottement, selon que l'une de ces forces sera plus forte que l'autre, ce qui dépendra d'ailleurs des proportions de l'édifice; la seconde de ces résistances ne commençant jamais à agir qu'après que la première a été vaincue.

EXPÉRIENCES

SUR

LE FROTTEMENT DES TOURILLONS.

1. DESCRIPTION DE L'APPAREIL EMPLOYÉ AUX EXPÉRIENCES. Le frottement des tourillons des axes de rotation sur leurs coussinets joue un rôle trop important dans la plupart des machines, pour ne pas mériter une étude spéciale, faite dans des circonstances aussi rapprochées que possible de celles de la pratique. L'appareil et le mode d'expérimentation employés pour le frottement des surfaces planes auraient pu servir aussi à cette recherche, et même, dès l'origine, j'en ai fait usage pour déterminer la loi et l'intensité du frottement de l'axe de la poulie de renvoi, ainsi qu'on peut le voir aux n°s 15 et suivans du premier Mémoire; mais il m'a semblé qu'il conviendrait d'examiner les circonstances offertes par un mouvement de rotation continu, prolongé pendant quelques temps d'une manière uniforme. Cette disposition permettait en effet, de reconnaître comment l'enduit se distribue et jusqu'à quel

point sa répartition influe sur l'intensité de la résistance. Il devenait aussi possible dans ce cas d'examiner l'élévation de température produite par le frottement entre certaines limites.

Ces considérations m'ont engagé à faire construire pour les expériences sur le frottement des tourillons, l'appareil particulier que je vais décrire et qui a été établi à la poudrerie de Metz, au-dessus du coursier de la roue hydraulique de la sécherie artificielle.

2. Vérification du mouvement uniforme de la roue hydraulique. Cette roue, à aubes planes est emboîtée dans un coursier circulaire, qui permet à l'eau d'agir par son poids, sur une hauteur d'environ $0^m,30$ à $0^m,40$, après qu'elle a choqué les aubes; elle n'a dans ce coursier qu'un jeu de $0^m,005$ au plus, soit au fond, soit sur les côtés; les aubes ont été visitées et réparées à neuf avant les expériences, la roue a été mise exactement en équilibre autour de son axe, au moyen de contre-poids fixés à la circonférence des couronnes ou jantes, elle était isolée des autres parties du mécanisme de la sécherie artificielle et n'était employée qu'à faire marcher l'appareil des expériences. Par suite de ces circonstances et de ces précautions, on pouvait être à très peu près sûr, à priori, que le mouvement de cette roue serait uniforme, si la résistance qu'on devait lui faire vaincre l'était aussi, cependant pour reconnaître jusqu'à quel point cette uniformité serait obtenue, j'ai mis la roue en communication avec un petit appareil de rotation fort léger portant un plateau garni d'une feuille de papier. Le mouvement de la roue se transmettait à cet axe, à l'aide d'une corde sans fin et le plateau pouvait, à volonté, en être rendu solidaire ou indépendant au moyen d'un petit manchon d'embrayage. Je pouvais donc communiquer facilement au plateau un mouvement en rapport constant avec celui de la roue, et l'on conçoit facilement, qu'en mettant le style de l'appareil chronométrique, déjà connu et décrit dans le premier Mémoire,

en contact avec la feuille de papier collée sur le plateau, j'obtenais
une courbe qui représentait la loi du mouvement de la roue. A
l'aide de ce dispositif, j'ai reconnu par des observations spéciales,
correspondantes à plusieurs tours de la roue hydraulique, que son
mouvement était uniforme, à moins de o″,o1 près; c'est ce qui
était rendu manifeste par le relèvement des courbes qui, sur toute
l'étendue correspondante aux révolutions observées, offrait une
ligne droite et indiquait un rapport constant des espaces, pris pour
abscisses, aux temps pris pour ordonnées.

Je ne crois pas devoir entrer dans plus de détails sur cette
vérification assez peu importante par elle-même et facile à comprendre, d'après ce que l'on connaît déjà du mode d'observation
employé, et je n'en ai même parlé que pour montrer avec quelle
facilité un appareil portatif de ce genre peut servir à déterminer
la loi du mouvement d'un système quelconque de rotation.

3. ÉTABLISSEMENT DE L'APPAREIL. Nous sommes donc fondés
à regarder le mouvement de la roue comme uniforme par lui-même
et, pour qu'il pût être transmis à l'appareil de rotation avec le
moins d'altération possible, j'ai établi celui-ci immédiatement
auprès de la roue, dans une baraque construite en travers du
coursier et solidement assise sur les bajoyers en maçonnerie. Sur
le plancher en madriers est posé un cadre en charpente LMNP
(Fig. 1, 2 et 3), composé de deux grosses pièces en chêne de
o^m,3o d'équarrissage, servant de plumards aux coussinets. Elles
sont reliées, vers leurs extrémités, par des semelles aussi en chêne,
de o^m,2o de large sur o^m,1o de hauteur, embrevées à mi-bois à
leur partie inférieure et qui posent immédiatement sur le plancher,
des bouts de madriers en chêne ont en outre été fixés sous le
milieu des deux semelles LM et NP, pour les empêcher de fléchir
sous la charge de l'arbre.

Au milieu de chacune des jumelles LM et NP s'élève un support
a en fonte, qui y est assujetti par des boulons traversant la jumelle

et sa base, de sorte qu'en serrant les écrous de ces boulons on fixe invariablement la position de ce support. Mais, afin de se ménager le moyen d'amener les coussinets au parallélisme, on a eu soin de percer dans la base du support des trous ovales pour le passage des boulons. Les coussinets sont mobiles et peuvent être changés à volonté, ils s'engagent à coulisse dans le support à la manière ordinaire, mais ils reposent par leur partie inférieure sur le bout d'une grosse vis à tête, qui est placée verticalement dans la partie évidée du support, et qu'on peut tourner de manière à mettre le fond des deux coussinets exactement à la même hauteur.

On voit que, par cette disposition, l'on pouvait toujours assurer le parallélisme des coussinets dans le sens horizontal et dans le sens vertical, et qu'en posant l'arbre dessus, on était sûr de la coïncidence des axes des surfaces frottantes.

L'arbre bb est en fonte, exactement cylindrique, au diamètre extérieur de $0^m,12$, il est creux, le diamètre intérieur du vide est de $0^m,05$ dans tout le corps de l'arbre, qui est alésé aux deux extrémités sur une longueur de $0^m,20$, pour la partie dans laquelle s'engagent les tourillons. Cette forme d'un cylindre creux a été adoptée pour l'arbre, parce qu'elle offre à volume ou poids égal de matière, plus de solidité que le cylindre plein, et surtout parce qu'elle permettait de mettre en expérience des tourillons de $0^m,10$ de diamètre, tout en laissant la facilité nécessaire pour la manœuvre.

Les tourillons s'adaptent à l'arbre par une queue ou noyau cylindrique, d'un diamètre égal à $0^m,05$ et le même pour tous, ainsi que leur longueur, qui s'engage à frottement doux dans les extrémités alésées de cet arbre. Un arrêtoir, qui fait corps avec la queue, s'introduit dans une rainure et rend le tourillon solidaire avec l'arbre, quant au mouvement de rotation ; pour qu'il le soit aussi dans le sens de l'axe, une vis de pression traverse l'arbre et vient par son extrémité conique s'engager dans le corps de la queue. Une mortaise rectangulaire s, pratiquée suivant un diamètre de l'arbre et vers la partie où aboutit la queue des tourillons, permet de les repousser au dehors à l'aide d'une clef, lorsqu'on veut les remplacer par d'autres. On voit que le changement de ces pièces n'offre aucune difficulté et, par suite de la précision apportée dans l'ajustage, elles sont toujours parfaitement assujetties et centrées.

La pression supportée par l'arbre et par ses coussinets devant être variée à volonté et cependant disposée de manière que le centre de gravité du système coïncidât toujours avec l'axe de rotation, ce qui est, comme on le verra plus loin, à peu près indispensable pour la régularité des observations, j'ai, pour cette raison, ainsi que pour l'usage ultérieur que je compte faire de cet appareil, formé cette charge avec des disques en fonte de $0^m,045$ d'épaisseur, sur $0^m,80$ de diamètre, avec un œil exactement alésé au diamètre extérieur de l'arbre et qui s'enfilent de part et d'autre en nombre égal, de manière que la pression soit toujours symétriquement répartie sur les deux tourillons. Le poids de chacun de ces disques varie entre 145 et 150 kilogrammes, et l'on pouvait en placer ainsi jusqu'à douze, formant ensemble une charge de plus de 1700 kilogrammes. Parallèlement à l'axe et suivant une des arêtes de la surface extérieure de l'arbre, une languette t formant saillie s'engageait dans une entaille pratiquée à l'œil de tous les disques et les rendait ainsi solidaires avec cet arbre, quant au mouvement de rotation. De plus, comme ces disques coulés en sable n'étaient pas parfaitement plans et qu'ils auraient pu balloter et se déplacer dans le sens de l'axe, ils étaient tous percés suivant un même plan diamétral, correspondant à celui de la languette d'arrêt, de deux trous dans lesquels on engageait des boulons de jonction, qui servaient à les serrer ensemble ; de sorte qu'une simple clef de pression chassée entre le dernier et la languette suffisait alors pour les fixer tous invariablement sur l'arbre.

3

On voit, qu'en augmentant ou en diminuant le nombre de ces disques, on pouvait à volonté varier la pression de l'arbre sur ses tourillons, entre des limites très-étendues, mais la manœuvre du chargement et du déchargement exigeait une disposition particulière, pour qu'elle pût être exécutée avec promptitude ou sécurité par deux ou trois hommes au plus. J'indiquerai plus loin les moyens adoptés pour y parvenir, et je continue la description de l'appareil proprement dit.

4. TRANSMISSION DU MOUVEMENT DE LA ROUE HYDRAULIQUE A L'ARBRE ET MESURE DES EFFORTS EXERCÉS. Sur l'arbre bb et vers son milieu est placée une poulie folle cc à frottement doux, sur laquelle passe une courroie sans fin cd, qui enveloppe aussi une poulie ou tambour dd monté près de la roue hydraulique et sur son arbre. Cette poulie cc reçoit donc immédiatement le mouvement de la roue, mais, comme elle est folle, l'arbre ne participerait pas à ce mouvement sans la disposition suivante : A une distance de $0^m,225$ de l'axe de l'arbre, la poulie porte une cheville ee, de l'autre part une lame de ressort f en acier fondu, de forme parabolique, est engagée dans l'arbre par une queue rectangulaire, qui s'introduit à frottement doux, dans une mortaise pratiquée à l'arbre selon un rayon, et où elle est maintenue par une bride de pression et des écrous ; on a d'ailleurs soin de placer cette lame de manière qu'elle soit toujours engagée de la même longueur dans l'arbre, ce qui est rendu facile par la forme de sa queue, qui forme un talon à arête vive.

On conçoit alors facilement que la cheville e de la poulie folle cc rencontrant la lame de ressort, la fait fléchir jusqu'à ce que l'effort exercé sur cette lame et transmis par elle, soit capable de vaincre le frottement de l'arbre sur ses tourillons, et l'inertie de la masse de l'arbre. Mais comme il pourrait arriver, d'une autre part, que cet effort surpassât celui que la lame pourrait supporter sans altération de son élasticité, une cheville d'arrêt e' est placée vers l'œil de la poulie, et vient agir sur les brides de la queue du ressort, lorsque la flexion a atteint la limite qu'on ne veut pas dépasser. Au moyen de cette disposition, la lame conserve toujours son élasticité, et si, dans quelques expériences, la communication rapide du mouvement met en jeu l'inertie de la masse de l'arbre, la transmission se fait d'abord par l'action de la cheville d'arrêt, puis, quand le mouvement est parvenu à son état de régime ou d'uniformité, le ressort tendu au maximum se débande et ne conserve que la tension relative à la résistance opposée par le frottement.

5. DISPOSITION ADOPTÉE POUR OBTENIR UNE TRACE DES FLEXIONS DU RESSORT DYNAMOMÉTRIQUE. La flexion de la lame, en la supposant convenablement tarée, ainsi que je le dirai plus tard, mesure donc en partie l'effort exercé par la courroie pour faire tourner l'arbre et vaincre le frottement de ses tourillons, mais il serait impossible de l'observer, si, par une disposition particulière, on n'en obtenait une trace visible et durable, c'est à quoi je suis parvenu par le moyen suivant, analogue à celui que j'ai déjà mis en usage dans diverses circonstances, mais qui mérite, je crois, quelques détails, par suite des difficultés particulières qu'offrait son exécution.

Vis-à-vis de la cheville e, au bout de laquelle se visse une douille en cuivre, portant un pinceau, est disposé un plateau g en cuivre, perpendiculaire à l'axe de rotation de l'arbre, bien plan et qui reçoit une feuille de papier. Ce plateau est monté à l'extrémité d'un petit arbre h, en acier, parallèle à l'axe de l'arbre et qui porte à son autre bout une poulie à gorge qq'. L'arbre du plateau est fixé sur une poupée en fonte ii, coulée d'une seule pièce avec un manchon kk, qui glisse à frottement doux sur l'arbre, dans le sens de sa longueur, mais qui, par une languette d'arrêt, est rendu solidaire avec lui, quant au mouvement de rotation. On conçoit facilement qu'en faisant glisser ce manchon kk parallèlement à l'axe, on peut, pendant le mouvement du système, approcher ou éloigner à volonté le plateau de la pointe du pinceau. Ce mouvement de transport du manchon et du plateau s'opère d'ailleurs à la main avec facilité, au moyen d'une fourche *ll* horizontale et mobile autour d'un axe vertical et qui s'engage dans un collet pratiqué au manchon et sur lequel elle n'exerce d'ailleurs de pression qu'au moment du déplacement.

Mais ce qui précède ne suffit pas pour fournir une trace complète de la flexion du ressort, il faut de plus que le plateau *gg* emporté dans le mouvement général de rotation de l'arbre, reçoive un autre mouvement propre de rotation, afin qu'au lieu d'un simple point marqué par la pointe du pinceau, on ait une courbe d'une étendue suffisante pour examiner les variations de tension du ressort, s'il en éprouve. Ce mouvement propre pourrait, dans tous les cas où l'effort est constant, être communiqué à la main par l'observateur, et serait de la sorte tout à fait indépendant de celui du système général ; mais il est bien plus convenable, plus commode et plus exact de le faire produire par la machine elle-même, ce qui est d'ailleurs indispensable dans le cas où les efforts sont variables et où l'on veut en déterminer la loi.

La poulie à gorge *qq'* est destinée à cet usage et reçoit une petite corde sans fin, qui embrasse aussi un anneau en fer *mm* mobile, à frottement doux, dans une rainure annulaire, pratiquée à la surface du manchon, et qui, par conséquent, est dépendant de ses mouvemens de translation parallèles à l'axe, mais indépendant de son mouvement de rotation. Une corde, attachée à un piton que porte l'anneau *mm*, et fixée au plancher par l'autre bout, empêche cet anneau de participer au mouvement de rotation de l'arbre, de sorte qu'il est immobile dans l'espace, tandis que la poulie à gorge et le plateau monté sur le même axe, sont emportés dans le mouvement de rotation de l'arbre, ce qui revient au même que si, l'arbre étant immobile, on faisait tourner l'anneau *mm*. Il y a donc déplacement relatif du plateau par rapport à l'anneau, et par conséquent le premier reçoit, de la corde sans fin, un mouvement particulier de rotation, et comme d'ailleurs on a eu la précaution de donner à l'anneau mobile et à la gorge de la poulie le même diamètre, il s'ensuit que le plateau *gg* fait exactement le même nombre de tours que l'arbre, ce qui permettrait au besoin de comparer les efforts ou les flexions du ressort avec les angles décrits, et de déterminer, par le tracé, la loi qui les lie. Il est sans doute superflu de dire que, dans l'appareil et les expériences qui nous occupent, le frottement de l'anneau mobile dans sa rainure était toujours assez faible pour pouvoir être négligé, mais on conçoit que s'il avait été nécessaire d'en tenir compte, on y serait parvenu facilement à l'aide d'un dynamomètre ou d'un contre-poids.

Pour simplifier la description, je n'ai parlé que d'une seule lame de ressort et d'un seul plateau mobile, mais on voit, par l'inspection de la figure, qu'il y en a deux diamétralement opposés et tout-à-fait pareils. Dans la plupart des cas un seul suffit, par suite de la précaution que j'ai eue de faire faire des lames de différentes sensibilités, mais dans ceux où la résistance a été assez grande pour qu'un des plus forts ressorts ne fût plus suffisant, on a pu en employer deux et mesurer simultanément l'effort exercé sur chacun, sans autre précaution que d'ajuster la pointe des pinceaux à la distance convenable, pour qu'ils touchassent également leur plateau respectif, ce qui s'obtient facilement en tournant les douilles à vis qui les portent.

On a vu plus haut par quelles précautions on assurait l'horizontalité de l'arbre et le parallélisme des tourillons et des coussinets, quant à celui de l'arbre en fonte de la machine et l'arbre de la roue hydraulique, on l'obtenait aussi exactement qu'il était nécessaire en bornoyant leurs arêtes horizontales, et faisant mouvoir le cadre LMNP jusqu'à ce qu'elles fussent dans le même plan.

6. OBSTACLES OPPOSÉS AU MOUVEMENT DE TRANSPORT LON-GITUDINAL DE L'ARBRE. Malgré ces précautions, il était possible que, par suite de quelque flexion dans les appuis, sous des charges considérables, l'arbre prît en tournant un léger mouvement de transport général dans le sens de son axe, ce qui aurait eu parfois des inconvéniens graves. Pour s'y opposer, sans employer des épaulemens, dont le frottement eût pu altérer les résultats dans une proportion difficile à déterminer, j'ai disposé parallèlement à l'axe et dans son prolongement, deux pointes à vis pp, que l'on peut tourner, élever ou abaisser à volonté, de manière à les amener précisément à cette position, et dont l'extrémité s'engage dans la cavité conique pratiquée au tourillon lorsqu'on l'avait tourné. Ces pointes, convenablement rapprochées de l'arbre, sans être serrées, en contiennent les déviations latérales entre les limites néces-saires, et comme on les desserrait chaque fois, avant de tracer les courbes de flexion, on était sûr qu'elles n'occasionnaient aucune résistance nuisible à l'exactitude des opérations.

7. MANŒUVRE DU CHARGEMENT ET DÉCHARGEMENT DE L'ARBRE. Il me reste à indiquer à l'aide de quelle disposition s'exécutait la manœuvre du chargement et du déchargement des plateaux.

L'arbre étant en place, chargé, par exemple, de deux ou quatre disques, je suppose qu'il s'agisse de l'enlever pour en ajouter d'autres. A cet effet on introduisait, sous les disques et perpen-diculairement à l'arbre, un appareil que je nommerai le poulain, par analogie avec celui qui est usité pour le chargement des voitures de roulage, mais qui en diffère en ce que les deux pou-trelles de sapin dont il est composé, sont réunies à chaque bout par une entretoise et ont ainsi un écartement constant, tel que leur plan moyen dans le sens de la longueur corresponde à peu près à celui des deux disques intérieurs de la charge. En outre deux planches, clouées intérieurement sur chacune des poutrelles et en saillie de $0^m,05$ sur leur face supérieure, formaient une espèce de *rail*, d'où les disques ne pouvaient échapper une fois qu'ils posaient sur ces poutrelles.

Pour exécuter la manœuvre de l'enlèvement de l'arbre on introduisait ce poulain sous les disques intérieurs, pour s'en servir comme d'un levier d'abattage, dont le point d'appui était pris sur la traverse MN, surmontée d'un chantier arrondi, destiné à exhausser ce point. Des coins étaient placés en dessus et en dessous de chaque disque, pour empêcher le système de rouler, on retirait les vis à pointe *pp* engagées dans l'extrémité des tourillons, on détachait la corde de l'anneau mobile *mm*, on enlevait la fourche *ll*, puis, si la charge n'était pas trop lourde, les manœuvres se plaçant à l'extrémité du poulain, l'abattaient doucement sur un banc de support, de manière qu'il fût sensiblement horizontal. Pendant qu'un ou deux le maintenaient dans cette position, un autre dégageait les coins et faisait rouler l'arbre en arrière sur les poutrelles, comme sur un rail, jusqu'à ce que ses extrémités fussent suffisamment dégagées. On calait de nouveau les disques intérieurs, on ôtait les petites clefs et l'on enlevait ou ajoutait l'un après l'autre le nombre de disques convenable. La même manœuvre s'exécutait pour le changement des tourillons. Quant à celui des coussinets, il suffisait de soulever l'arbre assez haut pour les dégager et en placer d'autres. Malgré la longueur des poutrelles du poulain, il arrivait souvent que les manœuvres n'auraient pas pu enlever l'arbre par l'action seule de leur poids, mais on rendait toujours cette opération facile et praticable pour un seul homme, en posant au bout du poulain une caisse, que l'on chargeait successivement de boulets, jusqu'à ce qu'il ne fallût plus qu'un effort assez faible pour opérer l'abattage.

Pour remettre l'arbre en place on exécutait la manœuvre inverse, on faisait rouler les disques, jusqu'à la distance convenable, pour qu'en redescendant, les tourillons rentrassent sans choc dans leurs coussinets, on relevait ensuite le poulain, puis on déchargeait graduellement la caisse et l'on remettait tout en place comme avant l'opération.

8. POULIE A TROIS GORGES. Outre la poulie employée avec la courroie, j'en avais fait disposer une à trois gorges, de diamètres différens, destinée à recevoir une corde de boyaux ; mais ayant bientôt reconnu que les agraffes de cette corde ne pouvaient pas supporter des tensions aussi fortes qu'il était parfois nécessaire, je me suis toujours servi de la première poulie et de la courroie ; néanmoins celle à trois gorges pourrait être utile dans beaucoup d'applications dont l'appareil est susceptible et que j'indiquerai plus loin.

9. CENTRAGE DE L'APPAREIL. On a vu au n° 3 qu'une des raisons qui avaient fait adopter l'usage des disques pour charger l'arbre était la facilité qu'ils offraient pour amener le centre de gravité sur l'arbre de figure de l'arbre, mais leur forme circulaire et leur symétrique répartition ne suffisaient pas pour atteindre ce but, car, bien qu'ils fussent coulés en châssis avec assez de soin, ils présentaient et occasionnaient des différences notables d'équilibre, qui produisaient dans la marche de l'appareil des variations très-nuisibles à la précision des observations.

Pour faire sentir la nécessité de ce centrage, comparons la marche de l'appareil, dans le cas où il a lieu et dans celui où il n'existe pas. Supposons le centre de gravité sur l'axe de figure et la roue hydraulique bien équilibrée, amenons à la main la cheville de la poulie folle au contact avec la lame de ressort, sans qu'elle la fasse fléchir, approchons le plateau de la pointe du pinceau et faisons-le tourner, nous obtiendrons pour trace un cercle concentrique au plateau que nous pourrons nommer *cercle de repos* ; passons ensuite la courroie sur la poulie de la roue hydraulique, après avoir éloigné le plateau, puis, lorsque le mouvement sera devenu régulier, amenons de nouveau le plateau en contact avec le pinceau. Si le système est bien centré et si le frottement ne varie pas pendant une même révolution, la courbe de flexion que nous obtiendrons sera un cercle concentrique à celui du repos. Mais, si, au contraire, il y a un défaut d'équilibre dans l'appareil, chaque fois que la partie la plus lourde commencera à descendre le mouvement s'accélérera et par conséquent l'effort que la cheville devra exercer sur le ressort et la flexion qu'elle produira diminueront, et la courbe se rapprochera du cercle de repos ; à l'inverse, quand cette partie lourde aura atteint le point le plus bas de sa révolution et remontera, le mouvement se retardera et par suite l'effort que la cheville devra exercer et la flexion du ressort augmenteront et la courbe s'éloignera du cercle de repos. La courbe des flexions cessera donc d'être concentrique avec le cercle du repos.

Il est vrai qu'entre certaines limites ces variations nécessairement périodiques et symétriques de la vitesse correspondront aux extrémités d'un même diamètre, de sorte que la somme des deux flexions opposées sera encore constante, et que, par conséquent, la courbe des flexions conservera des diamètres égaux et sera encore circulaire, quoiqu'elle ne soit plus concentrique au plateau. Mais lorsque le débandement du ressort est tel qu'il quitte la cheville e, ou que l'augmentation d'effort est assez grande pour que la cheville d'arrêt e' touche les brides du ressort, la courbe cesse tout-à-fait de représenter les résultats de l'expérience, et de donner une mesure exacte de l'effort exercé sur la lame dynamométrique.

Il est donc indispensable que le système soit exactement centré ou à très-peu près, afin que les différences d'équilibre n'aient pas d'influence nuisible sur les résultats de l'observation.

Pour y parvenir, j'ai employé les moyens suivans : l'arbre étant

4

chargé du nombre déterminé de disques, on place, sur les supports *aa* des coussinets et transversalement à l'arbre, deux plaques de fer bien dressées, que l'on dispose horizontalement dans le sens de l'axe de l'arbre et dans le sens perpendiculaire, et en laissant relever le poulain, on fait reposer les tourillons sur ces plaques. Puis, en faisant rouler le système à la main, on l'amène à la position pour laquelle le diamètre, qui passe par les trous des boulons d'assemblage des disques, est horizontal, et on le cale.

Un plateau de balance, dont le poids est connu, est suspendu à la circonférence de l'un des disques, et l'on y met successivement les poids nécessaires pour vaincre la résistance de l'appareil au roulement sur les plaques. En répétant ensuite la même opération dans le sens opposé, la différence des poids qui ont agi de chaque côté, est la mesure exacte de la différence d'équilibre, rapportée à la circonférence des disques. On ajoute alors, à l'un des boulons d'assemblage, un nombre de rondelles en fer suffisant, pour rétablir l'équilibre dans cette position. Après cela, on fait tourner ou rouler l'arbre de 90°, et l'on répète la même opération, l'équilibre se trouve ainsi établi par rapport à deux plans perpendiculaires entre eux, ce qui assure le centrage exact de l'appareil. Lorsque l'opération est terminée, on fait une pesée avec le poulain d'abattage, on enlève les plaques et on laisse descendre l'arbre sur ses coussinets. Lorsque l'on apporte à cette opération le soin convenable, on parvient toujours ainsi, et assez facilement, à amener le centre de gravité au centre de figure, et s'il reste quelque différence, elle est toujours assez faible pour que la courbe de flexion, tout en cessant d'être parfaitement concentrique au plateau, soit du moins circulaire, ce qui suffit pour l'appréciation de la tension moyenne du dynamomètre, et, par suite, pour celle de la résistance.

10. Calcul et tare des lames du ressort dynamométrique.
Les détails précédens suffisent pour donner une idée exacte de
l'appareil employé et du mode d'expérimentation, mais il est,
je crois, convenable d'entrer dans quelques explications sur la
détermination des dimensions des lames de ressort et sur leur
tare. Les pressions, la nature et l'état des surfaces en contact,
devant varier beaucoup pendant les expériences, il était indispensable de proportionner la force et la sensibilité des dynamomètres
à l'intensité présumée des efforts exercés pour vaincre la résistance,
afin d'obtenir, dans tous les cas, un degré à peu près égal d'approximation ; c'est ce qui m'a conduit à faire faire des lames de
ressort de trois forces différentes. Les dimensions de la mortaise
dans laquelle leur queue devait s'engager, étant constantes pour
toutes, ainsi que la distance à l'axe de la cheville e de pression,
on ne pouvait faire varier que l'épaisseur de la lame, à laquelle
il convenait d'ailleurs de donner une forme à peu près parabolique, pour augmenter l'amplitude des flexions. En employant,
comme par le passé (voyez le Ier et le IIIme mémoires), la formule

$$b^3 = \frac{8Pc^3}{Aaf},$$

dans laquelle j'ai pris

$$a = 0^{\mathrm{m}},02, \quad c = 0^{\mathrm{m}},15, \quad \text{puis} \quad A = 27595000000 \text{ kil.},$$

(note du IIIme mémoire), j'y ai fait varier les flexions f correspondantes à un même effort P, et je me suis donné successsivement
pour $P = 20$ kilogrammes,

$$f = 0^{\mathrm{m}},0085, \quad f = 0^{\mathrm{m}},017, \quad f = 0^{\mathrm{m}},020,$$

d'où j'ai déduit respectivement

$$b = 0^{\mathrm{m}},0048, \quad b = 0^{\mathrm{m}},0038, \quad b = 0^{\mathrm{m}},0029,$$

et par suite le tracé de la courbe parabolique.

Mais ce tracé, remis à l'ouvrier, ne pouvant être suivi avec
une précision mathématique, et d'ailleurs la valeur de A étant

*

sujette à varier sensiblement d'une lame à l'autre, je n'ai regardé les résultats du calcul précédent, que comme des approximations propres à me guider dans l'emploi de l'une ou de l'autre lame, et, avant les expériences, j'ai procédé à la mesure directe des flexions correspondantes à des efforts connus exercés à la circonférence de la poulie.

A cet effet, l'arbre étant rendu immobile, j'ai d'abord recherché la valeur du rapport particulier du frottement à la pression pour l'œil en fer de la poulie et l'arbre en fonte, les surfaces avaient été préalablement enduites d'huile, mais le peu de jeu qui existait entr'elles et leur forme courbe, en occasionnaient promptement l'expulsion, et elles revenaient de suite à l'état onctueux. Sans entrer dans le détail de ces expériences, qui n'offraient aucune difficulté, je me bornerai à dire que le poids propre de la poulie était de 5o kilogrammes, que la charge additionnelle était placée de part et d'autre dans deux plateaux de balance suspendus à une même corde, d'un diamètre égal à l'épaisseur de la courroie, et qu'après avoir disposé ainsi des charges égales, on ajoutait successivement, dans l'un ou dans l'autre des plateaux, les poids nécessaires pour rompre l'équilibre. Le bras de levier moyen du poids moteur était de o^m,3o8, le rayon de l'œil était de o^m,o6, et les résultats des expériences sont consignés dans le tableau suivant :

EXPÉRIENCES SUR LE FROTTEMENT DE LA POULIE SUR L'ARBRE EN FONTE.

NUMÉROS des expériences.	PRESSION totale.	POIDS moteur.	RAPPORT du frottement à la pression.	OBSERVATIONS.
	kil.	kil.	kil.	
1	72,458	2,00	0,141	
2	82,758	2,30	0,143	
3	103,458	3,00	0,149	
4	113,558	3,10	0,140	
5	113,458	3,40	0,154	
6	123,808	3,35	0,139	
7	134,208	3,75	0,144	
Moyenne.........			0,144	

Ces expériences étant faites, et la poulie garnie de sa cheville de pression, l'arbre a été arrêté dans une position telle que la lame de ressort fût à peu près horizontale, et l'on a suspendu, à la circonférence de la poulie, un plateau de balance, dans lequel on a d'abord placé les poids nécessaires pour vaincre le frottement de la poulie. Puis on y a successivement ajouté des charges de 2, 4, 6, 8 etc. kilog., jusqu'à ce que la cheville d'arrêt touchât la bride du ressort, ce qui a conduit, pour les premières lames ou les plus fortes, jusqu'à des charges de 44 à 48 kilogrammes, pour les secondes jusqu'à 18 et 20 kilog., et pour les troisièmes jusqu'à 10 kilogrammes.

Sous chacune de ces charges, le dynamomètre prenait une flexion particulière dont on obtenait la trace, en amenant le plateau mobile g au contact avec la pointe du pinceau, et en le faisant tourner à la main, on obtenait une suite de cercles concentriques au plateau et au cercle de repos, correspondans chacun à un effort déterminé exercé à la circonférence de la poulie. En répétant cette tare des ressorts un nombre suffisant de fois au commencement des expériences, puis, en les renouvelant pendant et après, on a obtenu une suite de feuilles de tare ou de flexion, à l'aide desquelles on a pu construire des échelles de flexion des ressorts, qui ont beaucoup simplifié le relèvement des expériences*.

Le zéro de ces échelles correspond au cercle de repos que l'on traçait à chaque tare, et même dans un grand nombre d'expériences, pour s'assurer s'il était constamment le même, ou si l'appareil n'avait pas subi d'altération, et les divisions successives correspondent à des charges de 2, 4, 6, 8, etc. kilogrammes, agissant à la circonférence de la poulie, dont le rayon moyen, y compris la demi-épaisseur de la corde ou de la courroie, est de $0^m,3085$. A gauche du zéro, le point c (Fig. 4) représente l'extrémité du diamètre du cercle de repos, et les distances $c2$, $c4$, $c6$, $c8$, etc., sont de grandeur naturelle, les diamètres des divers cercles de flexion correspondans aux charges de 2, 4, 6, 8, etc. kilogrammes. On voit qu'il suffit alors de prendre, avec un compas, le diamètre de la courbe de flexion obtenue dans chaque expérience et de la porter sur l'échelle du ressort à partir du point c, la division où l'autre pointe s'arrêtera, indiquera, en kilogrammes, l'effort moteur exercé par la courroie à la circonférence de la poulie.

En comparant les résultats de l'opération que je viens de détailler avec les dimensions des lames, on pourrait déduire, pour chacune d'elles, la valeur du coëfficient d'élasticité A, mais

---

* On pourrait objecter que dans cette tare des ressorts la charge du plateau équilibrait non-seulement la tension du ressort, mais encore le frottement de l'œil de la poulie, et que par conséquent la courbe de flexion correspondant dans chaque cas à un effort disponible à la circonférence de la poulie, réellement moindre que cette charge, mais si l'on observe d'abord que l'on avait tenu compte du frottement produit par le poids propre de la poulie, puisque, par la disposition de l'appareil, lors de cette opération, la résistance du ressort agissait verticalement en sens contraire de la charge, de sorte que la pression produite par ces deux forces n'était égale qu'à leur différence toujours assez petite, on admettra sans doute avec nous que le degré d'approximation de la méthode employée était bien suffisant pour le genre d'expériences dont il s'agit.

une circonstance particulière rendrait cette recherche un peu compliquée. Dans le projet de la machine, les lames devaient avoir sur le rayon une légère inclinaison, afin que les courbes de flexion et celles du repos fussent toujours à quelque distance du centre du plateau, ce qui avait pour but de les espacer plus également les unes des autres. Mais le mécanicien à qui la construction fut confiée, ayant, par inadvertance, pratiqué la mortaise dans le sens du rayon, il a fallu plus tard, pour obtenir l'écartement convenable, donner aux lames une légère courbure qui, jointe à la variation du point de contact de la cheville de pression, compliquerait notablement la comparaison des flexions observées avec les résultats du calcul. On voit bien d'ailleurs que cette circonstance n'a aucune influence sur l'usage auquel l'appareil est destiné et que la tare expérimentale des ressorts tient implicitement compte de toutes les influences.

11. Usage de l'appareil comme dynamomètre de rotation. En terminant ici tout ce qui est relatif à la disposition et à l'usage de l'appareil, je ferai observer que, si l'on remplaçait l'arbre en fonte par un cylindre de même diamètre extérieur, mais d'un plus grand diamètre intérieur, réduit à la longueur de $0^m,3o$ occupée par le système de la poulie, des ressorts et du manchon mobile, et qui porterait des vis de centrage, on pourrait adapter le tout à un arbre quelconque d'une machine de rotation et mesurer ainsi l'effort, et par suite, la quantité de travail nécessaire pour faire marcher différens outils particuliers d'une usine. Ainsi modifié, cet appareil s'appliquerait, par exemple, avec succès aux cardes et aux métiers de filature, aux métiers à tisser, aux tarares, aux bluteries, et à une foule d'autres machines de fabrication, et constituerait alors un véritable *dynamomètre de rotation*, dont la construction, plusieurs fois tentée par les mécaniciens, n'avait jamais, je crois, été exécutée avec succès, et avec la précision et la sensibilité dont celui-ci est susceptible.

12. FORMULES EMPLOYÉES AU CALCUL DES EXPÉRIENCES.
D'après la description précédente des diverses parties de l'appareil, on conçoit facilement que la puissance qui fait tourner l'arbre, est la différence de tension des deux brins de la courroie; et que le dynamomètre a pour objet de nous fournir le moyen de déterminer à chaque instant cette différence de tension. Mais on observera que la tension de la lame du ressort ne mesure réellement qu'une partie de cette différence des tensions, l'autre portion étant évidemment détruite par le frottement de l'œil de la poulie sur l'arbre en fonte. D'une autre part, la tension du ressort et ce frottement concourent à vaincre la résistance que les tourillons éprouvent à tourner dans leurs coussinets. Pour exprimer ces circonstances par des formules, d'où nous puissions déduire, dans chaque cas, la valeur du frottement, nous admettrons qu'il suit encore ici les lois reconnues pour les surfaces planes, et l'examen des résultats nous montrera si cette hypothèse est conforme à la nature des faits.

Appelons

Q la charge totale de l'arbre, y compris son poids propre, celui de tout l'appareil dynamométrique, de la poulie, des tourillons et des disques,

$p = 5$o kilogrammes, le poids de la poulie,

t la tension d'un brin conducteur de la courroie,

t' la tension du brin conduit,

$a = 5$1°, $a' = 4$5° les angles que ces tensions t et t' font respectivement avec la verticale,

F la tension du ressort,

L son bras de levier, par rapport à l'axe de l'arbre,

$R = $o^m,3o8 le rayon extérieur de la poulie, y compris la demi-épaisseur de la courroie,

r le rayon des tourillons mis en expérience,

$r' = $o^m,o6 le rayon de l'œil de la poulie,

f le rapport du frottement à la pression pour le tourillon, et le coussinet mis en expérience,

f' le même rapport pour l'œil en fer de la poulie et l'arbre en fonte, nous l'avons trouvé égal à 0,144 (voyez n° 10),

N la pression exercée par les tourillons de l'arbre sur leurs coussinets,

N' la pression exercée par la poulie sur l'arbre.

Il est facile de voir, d'après ce que nous avons dit plus haut, qu'entre les tensions t et t', la tension F du ressort et le frottement de la poulie sur l'arbre, on aura la relation

$$(t - t')\mathrm{R} = \mathrm{FL} + f'\mathrm{N}'r',$$

et qu'entre le frottement des tourillons sur leurs coussinets, la tension F du ressort, et le frottement de l'œil de la poulie sur l'arbre, on aura

$$\mathrm{FL} + f'\mathrm{N}'r' = f\mathrm{N}r,$$

d'où l'on tirera

$$f = \frac{\mathrm{FL} + f'\mathrm{N}'r'}{\mathrm{N}r};$$

expression dans laquelle la valeur de **FL** se déduira facilement de la courbe de flexion du ressort comparée à l'échelle de tare, ainsi que nous le verrons plus loin, mais où les pressions N et et N' sont encore à déterminer. Or il est facile de voir qu'on a

$$\mathrm{N} = \sqrt{(\mathrm{Q} + t\cos\alpha + t'\cos\alpha')^2 + (t\sin\alpha + t'\sin\alpha')^2},$$

et

$$\mathrm{N}' = \sqrt{(p + t\cos\alpha + t'\cos\alpha')^2 + (t\sin\alpha + t'\sin\alpha')^2}.$$

On ne fait pas entrer, dans ces expressions, la tension F du ressort, parce qu'elle agit tantôt pour augmenter, tantôt pour diminuer la pression des autres forces, et que ses effets se compensent sensiblement.

Dans l'une ou l'autre de ces expressions, il est évident, à

5

priori, que le premier terme sous le radical est plus grand que le second, et des valeurs des angles α et α' l'on déduit

$$\cos\alpha = 0,6293, \quad \sin\alpha = 0,777, \quad \cos\alpha' = \sin\alpha' = 0,707.$$

Par conséquent on aura, d'après un théorème connu de M. Poncelet, pour la valeur exacte à $\frac{1}{25}$ près de ces radicaux,

$$N = \left\{ \begin{array}{l} 0,96\,Q + (0,96\cos\alpha + 0,4\sin\alpha)t \\ \quad + (0,96\cos\alpha' + 0,4\sin\alpha')t' \end{array} \right\} = 0,96\,Q + 0,915\,t + 0,961\,t',$$

et

$$N' = \left\{ \begin{array}{l} 0,96\,p + (0,96\cos\alpha + 0,4\sin\alpha)t \\ \quad + (0,96\cos\alpha' + 0,4\sin\alpha')t' \end{array} \right\} = 0,96\,p + 0,915\,t + 0,961\,t'.$$

Ce qui donne, par substitution,

$$f = \frac{FL + (0,96\,p + 0,915\,t + 0,961\,t')f'r'}{(0,96\,Q + 0,915\,t + 0,961\,t')r},$$

ou bien, en se rappelant que $f' = 0,144$, $r' = 0^m,06$ et $p = 50$ kil.,

$$f = \frac{FL + 0,413 + 0,0078\,t + 0,0082\,t'}{(0,96\,Q + 0,915\,t + 0,961\,t')r}.$$

13. DÉTERMINATION DES DIVERSES QUANTITÉS QUI ENTRENT DANS LA FORMULE PRÉCÉDENTE. Passons en revue les quantités que contient cette relation, pour indiquer comment on pourra les déterminer dans chaque expérience.

La quantité FL est le moment de la tension F du ressort agissant à la distance L de l'axe, l'échelle de tare, dont nous avons montré la construction au n° 10, nous met à même d'en déterminer la valeur, puisqu'elle nous donne pour chaque courbe de flexion le poids ou l'effort qui agit à la circonférence moyenne de la poulie pour produire cette flexion, ou la tension correspondante et comme cette échelle tient d'ailleurs implicitement compte du frottement de l'œil de la poulie sur l'arbre en fonte dû au poids de cette poulie , on voit qu'en appelant P le poids indiqué par l'échelle, on devra avoir

$$PR = FL,$$

R étant égal à $0^m,308$, rayon extérieur moyen de la poulie.

Ainsi, en portant sur l'échelle de tare, à partir du point C, le diamètre de la courbe de flexion obtenu dans chaque expérience, on aura sur cette échelle la valeur de P et son produit par $R = 0^m,308$ nous donnera la valeur de FL.

La quantité Q est donnée dans chaque cas particulier, ainsi que le rayon r des tourillons mis en expérience, il ne nous reste donc à déterminer que les tensions t et t' de chacun des brins de la courroie.

Cette recherche est basée sur deux théorèmes de mécanique appliquée, le premier, dû à **M. Poncelet** [*], consiste en ce que la somme des deux tensions t et t' est constante et, à un instant quelconque du mouvement du tambour, égale au double de la tension propre, ou naturelle T, donnée à chacun des brins de la courroie par suite de l'écartement des deux axes de rotation, laquelle est indépendante de l'action des forces et des résistances qui agissent sur le système. Il suit de là que lorsque la tension de l'un des brins augmente, celle de l'autre diminue exactement de la même quantité.

Le second théorème [**] est relatif à la relation qui existe entre les tensions t et t', à l'instant où la première l'emporte tellement sur la seconde que la courroie glisse ; à ce moment en appelant f_1 le rapport du frottement à la pression pour la courroie et la surface du tambour ou de la poulie sur lequel elle glisse ,

S la longueur développée de l'arc embrassé ,

R le rayon de la poulie ou du tambour,

[*] Cours de Mécanique appliquée aux machines; section **III**, n° 66.

[**] Leçons de Mécanique analytique de **M.** de Prony; première partie, n° 66. Cours de Mécanique appliquée ; section **IV**, n° 636.

$e = 2,71828$ la base des logarithmes népériens,

$\log e = 0,43429,$

On sait qu'en vertu de ce théorème, l'on a,

$$t = t'e^{\frac{f'S}{R}} ;$$

Cette relation a d'ailleurs lieu simultanément avec la précédente

$$t + t' = 2\mathrm{T},$$

et si nous y pouvons joindre une troisième équation relative à l'instant où la courroie glisse et obtenue, soit pendant les expériences, soit par des observations spéciales, faites d'ailleurs dans des circonstances identiques, il est clair que nous pourrons déterminer la tension naturelle et constante T et les tensions t et t' relatives au moment du glissement.

Connaissant alors pour une même position relative des deux axes de rotation et un même état de la courroie la somme des deux tensions la relation

$$t + t' = 2\mathrm{T}$$

jointe à l'équation (n° 12)

$$(t - t')\mathrm{R} = \mathrm{FL} + f'\mathrm{N}'r' = \mathrm{FL} + 0,96 f'r'p + 0,915 f'r't + 0,961 f'r't'.$$

conduirait pour chaque aux valeurs respectives de t et de t', à substituer dans la valeur du rapport f (n° 12) du frottement à la pression pour les tourillons soumis à l'expérience.

14. SIMPLIFICATION DE LA FORMULE. Mais on voit, qu'en suivant cette marche, on serait conduit pour chaque expérience à calculer les valeurs de t et t', ce qui serait assez long vu le grand nombre d'expériences. Or, sans ôter aux résultats la précision qu'on doit désirer de pareilles recherches, on peut simplifier beaucoup ces calculs, en remarquant que les termes en t et t' du numérateur et du dénominateur peuvent se mettre sous cette forme

$$0,0078\,t + 0,0082\,t' = 0,0080\,(t + t') - 0,0002\,(t - t')$$
$$0,915\,t + 0,961\,t' = 0,938\,(t + t') - 0,023\,(t - t'),$$

et que, par conséquent, en prenant pour f la valeur

$$f = \frac{FL + 0,413 + 0,0080\,(t + t')}{[0,96\,Q + 0,938\,(t + t')]\,r},$$

on augmenterait le numérateur de $0,0002\,(t - t')$ et le dénominateur de $0,023\,(t - t')$.

Il est facile de s'assurer que l'erreur qui peut résulter pour f de cette substitution est tout à fait négligeable par rapport à celles qu'occasionne la variation d'onctuosité dans l'état des surfaces.

En effet, si l'on considère un des cas où la différence $t - t'$ des tensions atteint son maximum, c'est-à-dire un de ceux où la courroie glisse, celui, par exemple, que l'on verra plus loin au n° 15, où l'on avait $t + t' = 115^k,35$ et $t - t' = 59^k,65$ on trouve

$$0,0002\,(t - t') = 0^k,012 \quad \text{et} \quad 0,023\,(t - t') = 1^k,372,$$

quantités qui, dans aucun cas, ne s'élèvent respectivement à $\frac{1}{500}$ de la somme des autres termes du numérateur et du dénominateur, et qui, par conséquent, ne peuvent avoir sur les résultats une influence comparable aux différences qu'y apporte la variabilité inévitable de l'état des surfaces.

Nous sommes donc pleinement autorisés à employer au calcul des expériences la formule plus expéditive

$$f = \frac{FL + 0,413 + 0,008\,(t + t')}{[0,96\,Q + 0,938\,(t + t')]\,r}.$$

15. DÉTERMINATION DE LA TENSION NATURELLE DES COURROIES. Il ne nous reste donc plus qu'à indiquer comment on a pu, pour chaque série d'expériences, pour une même disposition relative des axes de rotation, un même état hygrométrique de la courroie, déterminer la somme des tensions t et t'. Il existe pour cela plusieurs moyens simples, mais nous avons employé le plus souvent le suivant.

Lorsque l'appareil était en place, entièrement monté et mis en mouvement, et qu'on était ainsi assuré que la courroie avait la tension suffisante pour vaincre les résistances, on commençait une série d'expériences, pendant la durée de laquelle on ne changeait plus la distance des axes, les variations de tension ou de longueur de la courroie ne pouvaient alors provenir que de son état plus ou moins hygrométrique. L'appareil fonctionnait ainsi, sans que la courroie glissât sur la poulie, tant que la résistance opposée par les tourillons n'était pas trop grande; mais si, par la suppression de l'enduit, il arrivait que cette résistance augmentât, jusqu'à une limite telle que la courroie vînt à glisser, l'arbre en fonte cessait de tourner avec continuité, et comme le dynamomètre n'en marquait pas moins une courbe de flexion relative à la différence de tension correspondante, à cet instant, on avait alors pour déterminer t et t' les deux relations simultanées

$$t = t'e^{\frac{f.S}{R}}, \qquad (t-t')R = FL + 0,413 + 0,0078\,t + 0,0082\,t',$$

au moyen desquelles on pouvait déterminer t et t' et par suite $t + t' = 2T$.

C'est par des observations de ce genre que l'on a déterminé ordinairement, à chaque position différente de l'appareil, par rapport à la roue, la tension naturelle de la courroie. Mais quoique le déplacement relatif des axes exerçât évidemment la principale influence sur la tension naturelle, il fallait cependant s'assurer si les variations très-sensibles qu'éprouvait l'état hygrométrique de la courroie n'avaient pas aussi une influence notable sur cette tension et aviser au moyen d'en tenir compte, si ce n'est rigoureusement, du moins avec une approximation suffisante. Cette courroie s'enveloppait sur le tambour *dd*, placé immédiatement auprès la roue, et que l'on avait eu la précaution de couvrir

d'un appentis léger , pour empêcher qu'il ne fût trop mouillé et ne
se décentrât , mais comme elle passait très-près de la roue, il n'était
pas possible d'éviter que , dans les mouvemens rapides de celle-
ci, elle ne fût mouillée par le rejaillissement de l'eau , que les
aubes enlevaient incessamment. Aussi la courroie , qui , au commencement de chaque journée , était sèche , ou à très peu près ,
était au contraire à la fin presque complètement mouillée. Il
résultait de là deux effets différens , qui , relativement à la marche
de l'appareil et à l'emploi des courroies dans des circonstances
analogues se compensent à peu près. Le premier, c'est que la
courroie s'allongeait, de sorte que sa tension naturelle diminuait ;
le second , c'est que le rapport du frottement à la pression pour
le cuir et la poulie augmentait notablement , et par conséquent ,
la limite à laquelle la courroie pouvait glisser était rapprochée
par le premier effet et éloigné par le second. Il était donc nécessaire à chacune des observations faites , pcur déterminer la
tension de la courroie, d'examiner si elle était sèche ou mouillée ,
afin d'introduire dans les calculs la valeur convenable du rapport
f_1 , du frottement à la pression.

16. OBSERVATIONS SPÉCIALES POUR DÉTERMINER LA TENSION
NATURELLE. Il me reste à rapporter les résultats des observations
faites pour appliquer la méthode précédente à diverses séries
d'expériences , je vais le faire par ordre.

L'appareil a été complètement monté et a commencé à fonc-
tionner le 8 août, et depuis ce jour jusqu'au 17 de ce même mois
inclusivement il a occupé la même place ; là courroie était peu
tendue et l'on a plusieurs fois observé que , lorsque elle était
humide, elle glissait quand la courbe de flexion du ressort correspondait à l'échelle de tare , à un effort de $26^k,50$, exercé
à la circonférence de la poulie du rayon $0^m,308$; on a donc

$$FL = 26^k,50 \times 0^m,308 = 8,162,$$

dans ce cas (voyez les expériences du n° 23 et suivans)

$$f_{\text{,}} = 0{,}377, \quad e = 2{,}71828, \quad \log e = 0{,}43429, \quad \frac{\text{S}}{\text{R}} = \frac{174^{\circ}}{180}\,\varpi = 3{,}037.$$

Au moyen de ces données, on déduit des deux équations du numéro précédent

$$t' = 13^{k}{,}67, \quad t = 3{,}142\,t' = 43^{k}{,}95, \quad t + t' = 2\text{T} = 56^{k}{,}62.$$

A partir du 18 août l'appareil fut un peu éloigné, la courroie plus tendue et jusqu'au 28 août inclusivement la courroie sèche glissait, quand la courbe de flexion correspondait sur l'échelle à un effort de $36^{k}{,}75$ exercé à la circonférence de la poulie ; on avait donc alors

$$\text{FL} = 36^{k}{,}75 \times 0^{m}{,}308 = 11{,}319;$$

on avait de plus

$$f_{\text{,}} = 0{,}282 \quad (\text{voyez n° 23})$$

les autres données sont les mêmes et l'on déduit des deux équations employées

$$t' = 30^{k}{,}08, \quad t = 2{,}354\,t' = 70^{k}{,}81, \quad t + t' = 2\text{T} = 100^{k}{,}89.$$

Depuis le 3 jusqu'au 7 novembre, époque à laquelle l'abondance des eaux permit de reprendre les expériences que la sécheresse et d'autres occupations m'avaient forcé de suspendre, la courroie étant peu tendue et humide, on a trouvé qu'elle glissait, quand la courbe des flexions indiquait sur l'échelle de tare un effort de 17 kilogrammes exercé à la circonférence de la poulie ; on a donc

$$\text{FL} = 17^{k}{,}00 \times 0{,}308 = 5{,}236, \quad f_{\text{,}} = 0{,}377,$$

on en déduit

$$t' = 9^{k}{,}01, \quad t = 3{,}142\,t' = 28^{k}{,}30, \quad t + t' = 2\text{T} = 37^{k}{,}31.$$

Depuis le 8 novembre jusqu'au 12 inclusivement où les expériences ont été terminées, la courroie ayant été surtendue

par l'éloignement des axes, on a déterminé la tension naturelle
par un autre moyen, employé au commencement et à la fin de
la journée, c'est-à-dire quand la courroie était sèche et quand
elle était mouillée, c'est celui qui est indiqué au numéro 37 de
la section III du cours de Mécanique de M. Poncelet. L'arbre
en fonte étant arrêté et la vanne fermée, de manière à ce qu'il
arrivât le moins d'eau possible, on plaçait d'abord sur l'aube horizontale d'amont de la roue hydraulique, le nombre de poids
nécessaire pour faire marcher cette roue et glisser la courroie
sur la poulie en fonte, mais, comme il y passait toujours un
peu d'eau, qui s'amoncelait jusqu'à une certaine hauteur dans la
roue, il était nécessaire de répéter l'expérience en sens inverse,
en plaçant des poids sur l'aube horizontale d'aval, jusqu'à ce que
la roue marchât de nouveau. En prenant la moyenne arithmé-
tique des deux charges on compensait l'effet de l'eau, parce qu'elle
agissait en sens contraire dans les deux cas et l'on n'avait plus
qu'à établir la relation d'équilibre entre le poids, le frottement
de la roue sur ses tourillons et la différence des tensions au
moment du glissement sur la poulie en fonte.

En appelant

S le poids moyen qui faisait tourner la roue,

$R' = 1^m,85$ le rayon moyen des aubes,

$R'' = 0^m,514$ le rayon moyen de la poulie montée sur l'arbre de
la roue, y compris la demi-épaisseur de la courroie,

N_1 la pression sur les tourillons de la roue,

$f'' = 0,08$ le rapport du frottement à la pression pour ces tourillons
et leurs coussinets avec enduit de saindoux,

$\varrho = 0^m,03$ le rayon de ces tourillons,

$M = 1587$ kilogrammes le poids de la roue et de son arbre,

t, t', α et α' conservant les mêmes significations et valeurs que
ci-dessus,

On avait à l'instant du glissement

6

$$(t - t')\mathrm{R}'' + f''\mathrm{N}_{,\varrho} = \mathrm{SR}' \qquad \text{et} \qquad t = t'e^{\frac{f_{,}\mathrm{S}}{\mathrm{R}}},$$

$$\mathrm{N}_{,} = \left\{ \begin{array}{l} 0{,}96\,(\mathrm{M} - t\cos\alpha - t'\cos\alpha') \\ + 0{,}4\,(t\sin\alpha + t'\sin\alpha') \end{array} \right\} = 0{,}96\,\mathrm{M} - 0{,}396\,t' - 0{,}293\,t,$$

et par suite

$$(t - t')\mathrm{R}'' + 0{,}96\,f''\mathrm{M}_{\varrho} - 0{,}396\,f''t'_{\varrho} - 0{,}293\,f''t_{\varrho} = \mathrm{SR}.$$

Des observations, faites quand la courroie était sèche, ont montré qu'elle glissait sous l'action d'un poids

$$\mathrm{S} = 15 \text{ kilogrammes};$$

on avait alors (voyez n° 23 et suivans)

$$f_{,} = 0{,}282, \qquad t = 2{,}354\,t',$$

et l'on a déduit de la substitution dans les formules ci-dessus

$$t' = 34^{k}{,}76, \qquad t = 81^{k}{,}825, \qquad t + t' = 116^{k}{,}58.$$

D'autres observations, faites quand la courroie était mouillée, ont donné

$$\mathrm{S} = 18{,}50 \text{ kilogrammes},$$

on avait (voyez n° 23 et suivans)

$$f_{,} = 0{,}377,$$

on en a déduit

$$t' = 27^{k}{,}85, \qquad t = 87^{k}{,}50, \qquad t + t' = 115^{k}{,}35.$$

Ces deux dernières séries d'expériences montrent que, quand la courroie est assez fortement tendue, la différence de tension produite par l'alongement hygrométrique de l'eau est très-faible, et en prenant la moyenne des deux valeurs de $t + t'$ obtenues dans des circonstances extrêmes, entre lesquelles s'intercalent nécessairement tous les résultats d'une même journée, où la courroie a passé successivement de l'état de sécheresse à celui d'une humidité complète, on voit que la différence de cette moyenne $t + t' = 115^{k}{,}96$ à chacune des valeurs extrêmes n'est pas de $\frac{1}{200}$ environ de sa valeur propre.

Ce résultat est assez important pour le calcul de nos expériences, puisqu'il montre qu'ayant déterminé la somme des tensions dans le cas où la courroie était sèche ou dans celui où elle était humide, il était permis, sans crainte d'erreur sensible, de la regarder comme à très-peu près constante et égale à la valeur trouvée dans l'un ou l'autre cas; ce qui dispensait de beaucoup d'observations spéciales.

Mais il y a plus et il est facile de voir que dans notre appareil et par suite de ses dimensions et de son usage, une variation considérable dans la tension de la courroie ne peut avoir qu'une influence assez faible dans beaucoup de cas. En effet la formule du n° 13

$$\mathrm{FL} + f'\mathrm{N}'r' = f\mathrm{N}r$$

revient à

$$\mathrm{FL} = 0{,}96 f\mathrm{Q}r - 0{,}96 fpr' - (0{,}915\,t + 0{,}961\,t')\,(f'r' - fr),$$

dans laquelle il est évident que l'influence des termes en t et t' sera d'autant moindre que f et r différeront moins de $f'\,r'$ et serait tout à fait nulle si l'on avait $f'=f$ et $r'=r$, ce qui est d'ailleurs évident à priori. Or, dans un très-grand nombre d'expériences, r ne diffère de r' que de $\frac{1}{6}$ et pour tous les cas où les surfaces sont onctueuses on a, à très-peu près, $f=f'$.

Cette observation montre que, s'il est nécessaire de tenir compte dans le calcul des résultats des expériences sur la tension de la courroie, les faibles variations qu'elle peut éprouver, par suite de son état plus ou moins hygrométrique, sont sans influence notable et qu'il suffit d'avoir déterminé la tension naturelle pour chaque position, à un instant quelconque de la série d'expériences, ainsi que je l'ai fait. On peut au reste s'assurer directement qu'en admettant dans la tension naturelle une variation de $\frac{1}{6}$ à $\frac{1}{5}$, ce qui dépasse de beaucoup celles que l'observation a indiquées, la valeur du rapport f donné par la formule du n° 14 ne changerait pas de $\frac{1}{30}$, ce qui est négligeable, par rapport aux différences propres que présente la résistance.

Il résulte des valeurs trouvées aux diverses époques pour la tension naturelle de la courroie que l'on a dû employer pour le calcul du rapport du frottement à la pression,

Du 8 au 17 août inclusivement, la formule $\quad f = \dfrac{FL + 0,866}{(0,96\,Q + 53,10)\,r},$

Du 18 au 28 août $\qquad\qquad$ *id.* $\qquad f = \dfrac{FL + 1,220}{(0,96\,Q + 94,63)\,r},$

Du 3 au 7 novembre $\qquad\quad$ *id.* $\qquad f = \dfrac{FL + 0,711}{(0,96\,Q + 35,00)\,r},$

Du 8 au 12 novembre $\qquad\quad$ *id.* $\qquad f = \dfrac{FL + 1,341}{(0,96\,Q + 108,77)\,r}.$

17. VÉRIFICATION DES DEUX THÉORÈMES EMPLOYÉS POUR L'ÉTABLISSEMENT DES FORMULES PRÉCÉDENTES. Au moyen des formules que je viens d'établir, il est facile de passer des observations au calcul des résultats de l'expérience, mais elles sont basées, ainsi qu'on l'a vu, sur deux théorèmes de mécanique, qui, bien que fondés sur des considérations exemptes de toute supposition et d'accord avec la manière dont les courroies doivent se comporter m'ont paru avoir besoin de la sanction de l'expérience, pour que les conséquences que j'en ai déduites fussent à l'abri de toute incertitude. C'est ce qui m'a conduit à faire quelques expériences spéciales sur le frottement des courroies sur les tambours en bois et les poulies en fonte, et sur la manière dont leur tension varie d'une branche à l'autre. Je vais en rendre compte en commençant par les premières.

18. EXPÉRIENCES SUR LE FROTTEMENT DES COURROIES SUR DES TAMBOURS EN BOIS ET DES POULIES EN FONTE. Trois tambours en bois de $0^m,836$, $0^m,408$ et $0^m,100$ de diamètre ont été successivement employés à ces expériences. On les plaçait horizontalement dans une position fixe, de manière qu'ils ne pussent tourner, et l'on passait dessus une courroie en cuir corroyé, noir, à peu près neuve, mais ayant déjà acquis de la souplesse par l'usage qu'on en avait fait aux expériences précédentes. Sa largeur était de $0^m,050$ sur une épaisseur de $0^m,0053$, sa raideur a paru assez faible, pour qu'il fût permis de la négliger, par rapport au frottement sur la surface du tambour. Les deux brins de la courroie, également répartis de chaque côté du tambour, pendaient verticalement et à chacun d'eux étaient attaché un plateau de balance destiné à recevoir des poids. La courroie pesait $2^k,295$, chaque plateau de balance $0^k,229$, par conséquent le poids de chaque brin de longueur égale était de $1^k,376$; l'arc embrassé était égal à la demi-circonférence; on mettait d'abord dans chacun des plateaux des poids égaux, puis on ajoutait graduellement à l'un d'eux et peu à peu les poids nécessaires pour faire glisser la courroie sur le tambour. On voit, d'après cela, que la tension t' du brin montant était égale à $1^k,376$, plus le poids contenu dans le plateau correspondant et que la tension t du brin descendant était égale à t' augmentée du poids ajouté en sus de la charge primitive. Enfin le glissement de la courroie avait lieu perpendiculairement aux fibres du bois.

19. ORDRE DES TABLEAUX SUIVANS. Ces détails suffisent pour donner une idée du mode d'expérimentation adopté et il ne me reste qu'à y joindre le tableau suivant des résultats.

La première colonne indique les numéros d'ordre des expériences.

La deuxième, la longueur de la courroie.

La troisième, l'état de la courroie.

La quatrième, le diamètre du tambour.

La cinquième, la longueur développée de l'arc embrassé.

La sixième, la tension du brin montant ou la valeur de t'.

La septième, la tension du brin descendant ou la valeur de t.

La huitième, le rapport du frottement à la pression.

TABLEAU N° I.

20. EXPÉRIENCES SUR LE FROTTEMENT DES COURROIES SUR DES TAMBOURS EN BOIS.

NUMÉROS des expériences.	LARGEUR de la courroie.	ÉTAT de la courroie.	DIAMÈTRE du tambour.	LONGUEUR développée de l'arc embrassé.	TENSION du brin montant.	du brin descendant ou moteur.	RAPPORT du frottement à la pression.	OBSERVATIONS.
	m		m	m	m	m	m	
1	0,050		0,836	1,313	6,376	30,376	0,497	
2	0,050		0,836	1,313	6,376	29,376	0,486	
3	0,050		0,836	1,313	6,376	29,876	0,492	
4	0,050	Sèche,	0,836	1,313	16,376	75,876	0,488	
5	0,050	un peu	0,836	1,313	16,376	69,526	0,460	
6	0,050	onctueuse.	0,836	1,313	16,376	68,676	0,458	
7	0,050		8,836	1,313	11,376	50,376	0,473	
8	0,050		0,836	1,313	11,376	43,376	0,426	
						Moyenne.	0,472	
9	0,050		0,408	0,640	6,376	26,876	0,472	
10	0,050	Sèche,	0,408	0,640	6,376	31,376	0,458	
11	0,050	un peu	0,408	0,640	6,376	28,676	0,507	
12	0,050	onctueuse.	0,408	0,640	16,376	63,876	0,479	
13	0,050		0,408	0,640	16,376	63,876	0,433	
						Moyenne.	0,462	
14	0,050		0,100	0,157	6,376	33,376	0,526	
15	0,050		0,100	0,157	6,376	34,376	0,541	
16	0,050	Sèche,	0,100	0,157	11,376	41,376	0,411	
17	0,050	un peu	0,100	0,157	11,376	44,876	0,438	
18	0,050	onctueuse.	0,100	0,157	11,376	42,876	0,422	
19	0,050		0,100	0,157	16,376	73,376	0,477	
20	0,050		0,100	0,157	16,376	76,436	0,490	
						Moyenne.	0,472	
21	0,028		0,836	1,313	5,401	32,401	0,570	
22	0,028	Très-sèche	0,836	1,313	5,401	32,901	0,575	
23	0,028		0,836	1,313	10,401	51,901	0,512	
24	0,028	et	0,836	1,313	10,401	47,401	0,483	
25	0,028	rude.	0,836	1,313	15,401	62,401	0,446	
26	0,028		0,836	1,313	15,401	61,901	0,443	
						Moyenne.	0,504	

21. Observation sur les résultats contenus dans le tableau précédent. En comparant entr'elles les valeurs du rapport f_1 du frottement à la pression pour la courroie et la surface du tambour en chêne déduites de la formule

$$t = t'e^{\frac{f_1 \text{S}}{\text{R}}} \qquad \text{ou} \qquad f_1 = \frac{2,3026}{\frac{\text{S}}{\text{R}}}\log\frac{t}{t'},$$

dans laquelle $\frac{\text{S}}{\text{R}}$ exprime la demi-circonférence du rayon égal à l'unité ou $\pi = 3,1416$ et où les logarithmes sont ceux des tables, ce qui la ramène à la forme

$$f_1 = 0,733\log\frac{t}{t'},$$

sous laquelle elle a été employée dans les calculs, on voit que ces valeurs sont sensiblement constantes, et que la moyenne particulière déduite de chacune des trois premières séries est la même à $\frac{1}{46}$ près, quoique l'étendue de l'arc embrassé ou le diamètre du tambour ait varié dans les rapports de 8 à 2 et à 1 environ, et que les tensions aient à peu près atteint les limites de celles que l'on donne ordinairement aux courroies dans les machines. Ces trois séries d'expériences confirment donc pleinement la théorie adoptée et assignent au rapport f_1 du frottement à la pression pour les courroies neuves, mais souples et unies, glissant sur des tambours en chêne perpendiculairement aux fibres du bois la valeur moyenne

$$f_1 = 0,470.$$

Cette valeur déduite de vingt expériences est beaucoup plus faible que celle que l'on a conclue des expériences de 1831, qui nous ont donné pour le rapport du frottement des surfaces planes de cuir corroyé sur du chêne, le mouvement étant parallèle aux fibres du bois, et après un contact prolongé, la valeur 0,74; mais l'état de compression du cuir étant tout à fait différent dans les deux cas, il ne me semble pas que cette disparité des résultats ait rien qui doive surprendre.

Quant à la quatrième série d'expériences, contenues dans ce tableau, et qui est relative au frottement d'une courroie tout à fait neuve très-rude, qui, depuis plus de huit ans, séchait dans un grenier, elles assignent aussi au rapport f_1, une valeur constante, mais un peu plus forte que la précédente, ce que l'on peut sans doute attribuer à l'état de la surface frottante du cuir. On remarquera d'ailleurs que cette courroie n'ayant que $0^m,028$ de large ou environ la moitié de la dimension de la précédente, cette dernière série confirme, quant aux courroies, la loi de l'indépendance des surfaces.

22. EXPÉRIENCES SUR LE FROTTEMENT DES COURROIES EN CUIR CORROYÉ SUR DES POULIES EN FONTE. Les expériences sur le frottement des courroies en cuir corroyé sur des poulies en fonte ont été faites d'une manière analogue aux précédentes. Les poulies employées étaient 1° celle de l'appareil décrit aux n°s 1 et suivans dont la largeur de $0^m,10$ était double de celle de la courroie, sa surface était légèrement convexe et n'avait pas été tournée après la coulée, mais elle était bien circulaire et son diamètre était de $0^m,610$. 2° Une petite poulie de $0^m,110$ de diamètre sur $0^m,030$ de large, et par conséquent plus étroite que la courroie, qui ayant $0^m,050$ de large la débordait de part et d'autre de $0^m,01$; sa surface tournée et polie était légèrement convexe.

La courroie a été employée d'abord sèche et à l'état d'onctuosité que lui avait laissé la préparation du cuir et avec les deux poulies sèches, puis tout à fait mouillée et saturée d'eau sur la grande poulie aussi mouillée.

Les autres données des expériences et la disposition du tableau sont identiquement les mêmes que dans les expériences précédentes, et il est superflu d'entrer dans plus de détails.

TABLEAU N° II.

23. EXPÉRIENCES SUR LE FROTTEMENT DES COURROIES EN CUIR CORROYÉ SUR DES POULIES EN FONTE.

NUMÉROS des expériences.	LARGEUR de la courroie.	ÉTAT de la courroie.	DIAMÈTRE de la poulie.	LONGUEUR développée de l'arc embrassé.	TENSION		RAPPORT du frottement à la pression.	OBSERVATIONS.
					du brin montant.	du brin descendant ou moteur.		
	m		m	m	m	m	m	
1	0,050		0,610	0,958	6,376	13,476	0,238	
2	0,050	Sèche,	0,610	0,958	6,376	16,776	0,308	Cette courroie
3	0,050		0,610	0,958	6,376	15,776	0,288	était vieille
4	0,050	un peu	0,610	0,958	11,376	29,276	0,301	et avait servi
5	0,050	onctueuse.	0,610	0,958	16,376	40,376	0,282	long-temps
6	0,050		0,610	0,958	16,376	37,376	0,262	dans une filature.
						Moyenne.	0,279	
7	0,050		0,610	0,958	6,376	16,00	0,300	Cette courroie
8	0,050	Sèche,	0,610	0,958	11,376	27,876	0,285	était neuve
9	0,050		0,610	0,958	11,376	25,876	0,271	et n'avait été
10	0,050	un peu	0,610	0,958	16,376	36,376	0,254	employée,
11	0,050	onctueuse.	0,610	0,958	16,376	36,376	0,254	que fort peu de tems
12	0,050		0,610	0,958	26,376	72,876	0,323	aux expériences
								sur
						Moyenne.	0,281	le frottement des tourillons.
13	0,050		0,110	0,173	6,376	14,376	0,259	La poulie avait été
14	0,050	Sèche,	0,110	0,173	6,376	18,376	0,336	tournée,
15	0,050		0,110	0,173	11,376	26,876	0,273	et sa largeur n'était
16	0,050	un peu	0,110	0,173	11,376	30,876	0,318	que de 0m,03,
17	0,050	onctueuse.	0,110	0,173	16,376	36,876	0,259	ce qui réduisait
18	0,050		0,110	0,173	16,376	36,876	0,259	celle de la partie frottante
						Moyenne.	0,284	de la courroie à 0m,03.
19	0,050		0,610	0,958	11,376	30,876	0,317	
20	0,050	Humide	0,610	0,958	6,376	19,876	0,361	
21	0,050	et	0,610	0,958	6,376	19,876	0,361	
22	0,050	mouillée	0,610	0,958	16,376	51,876	0,366	
23	0,050	d'eau.	0,610	0,958	16,376	57,876	0,401	
24	0,050		0,610	0,958	21,376	90,376	0,458	
						Moyenne.	0,377	

24. Observations sur les résultats contenus dans le tableau précédent. L'examen des résultats consignés dans le tableau précédent confirme complètement ceux du n° 20 et la théorie adoptée. On voit en effet que, bien que l'étendue des arcs embrassés ou le diamètre des poulies ait varié à peu près dans le rapport de 6 à 1, la largeur de la courroie pressée sur la poulie dans celui de 2 à 1, et les tensions dans celui de 1 à 3 d'une part, et de 1 à 6 de l'autre, la valeur de f_1 est restée sensiblement constante et moyennement égale, pour la courroie sèche sur les poulies sèches, à

$$f_1 = 0{,}282.$$

Lorsque la courroie est mouillée, ainsi que la poulie, le rapport augmente et devient moyennement

$$f_1 = 0{,}377.$$

Ce sont ces deux valeurs que nous avons adoptées aux n°ˢ 16 et suivans pour le calcul des tensions de la courroie dans notre appareil.

En récapitulant les résultats de ces deux séries d'expériences sur le frottement des courroies sur des tambours en bois ou sur des poulies en fonte, on voit que nous sommes autorisés à en conclure que le rapport de cette résistance à la pression est

1° Indépendant de la largeur de la courroie, et de la longueur développée de l'arc embrassé ou du diamètre des tambours ou, ce qui revient au même, indépendante de l'étendue de la surface de contact ;

2° Proportionnel à l'angle soustendu par la courroie à la surface du tambour ;

3° Proportionnel au logarithme népérien ou hyperbolique du rapport des tensions des deux brins.

25. Expériences sur la variation de tension des cour-roies ; description de l'appareil. Passons maintenant aux expériences qui ont eu pour but de vérifier la loi de la variation de tension des courroies, sur laquelle sont en partie fondées les formules employées au calcul des expériences sur le frottement des tourillons.

Pour les faire, on a disposé verticalement au-dessus de l'axe de la roue et de la poulie, montée sur son arbre, un tambour cylindrique en bois de chêne de $0^m,836$ de diamètre et dont l'axe était à 3 mètres environ de celui de la roue. Autour de ce tambour $d'd'$ et de la poulie dd (Pl. II, Fig. 1 et 2) j'ai fait passer une courroie, mais, au lieu d'être d'une seule pièce, elle était en deux parties réunies, vers chaque bout, par l'un des dynamomètres de la force de 200 kilogrammes avec plateau mobile et style, qui sont décrits aux n°s 3 et suivans du chapitre II de mon troisième mémoire. On amenait d'ailleurs facilement ces dynamomètres à des positions telles, que celui du brin descendant fût près du tambour supérieur et celui du brin montant près du tambour inférieur, de sorte que la courroie pouvait se mouvoir sur une étendue de près de 2 mètres, sans risquer qu'ils s'engageassent sur les tambours.

Un fil, enroulé de plusieurs tours à la circonférence de l'une des gorges du plateau de chacun des dynamomètres et attaché par l'autre bout à un point fixe, forçait ce plateau à tourner, quand l'appareil marchait, et si le déplacement n'était que relatif à l'extension de la courroie, on faisait tourner le plateau à la main, pour obtenir une trace complète de la flexion. Cette trace était d'ailleurs obtenue, ainsi qu'il est dit au mémoire cité, par un style à tube et à orifice capillaire incessamment pressé par un ressort sur la feuille de papier que portait le plateau.

La courroie étant passée sur les deux tambours, on faisait à volonté varier la tension des brins, dans un sens ou dans l'autre, en suspendant à la circonférence du tambour extérieur un plateau

*

p, que l'on chargeait de poids. Quant à la tension naturelle ou primitive on l'augmentait en rapprochant les extrémités de la courroie, ou en diminuant sa longueur avant l'expérience.

L'appareil étant ainsi disposé et préparé pour les observations, avant de charger le plateau p, on traçait les deux courbes ou cercles de flexion de chacun des dynamomètres, afin d'avoir leur tension au repos et d'obtenir par la somme le double de la tension naturelle. On conçoit d'ailleurs que, par suite du mouvement qui avait eu lieu dans un sens ou dans l'autre, et qui avait nécessairement mis en jeu les résistances passives du système, ces deux tensions ne pouvaient jamais être égales, mais cela importait peu, puisqu'il ne s'agissait que d'avoir leur somme.

Cela fait, on chargeait le plateau d'un poids, qui, étant suspendu à la circonférence du tambour par une corde d'un diamètre égal à l'épaisseur de la courroie, avait par conséquent le même bras de levier que les tensions. Le brin opposé à ce poids se surtendait et le brin placé du même côté se détendait, et l'on traçait les nouvelles courbes de flexion dés dynamomètres. On pouvait d'ailleurs pour une même tension naturelle faire une suite d'expériences différentes jusques et y compris le poids moteur sous l'action duquel la courroie glissait sur l'un ou l'autre tambour et, comme on avait aussi la facilité de laisser tourner les deux axes pendant un certain espace, sous l'action des tensions développées, on voit que les expériences comprenaient les trois cas de la pratique, savoir : celui de la variation des tensions, avant que le mouvement ne soit produit, celui de cette variation pendant le mouvement et enfin celui du glissement.

Je n'ai pas besoin d'ajouter que chacun des dynamomètres avait été taré à part et qu'en y suspendant successivement des poids égaux, qui déterminaient des flexions, dont on conservait la trace, on avait obtenu une échelle de tare exacte, qui servait à estimer la tension correspondante à chacune des courbes de flexion tracées dans les expériences. Ces observations préliminaires, faites et répétées avec soin, ont montré que l'un des dynamomètres augmentait de flexion de $0^m,00292$ et l'autre de $0^m,00323$, pour chaque kilogramme d'augmentation dans le poids qui y était suspendu. Il était donc facile dans chaque cas, en comparant le diamètre de la courbe de flexion obtenue, avec l'échelle de tare de déterminer avec une approximation suffisante la tension de chacun des brins de la courroie.

26. DISPOSITION DU TABLEAU N° III. Cet exposé montre combien ces expériences étaient faciles à l'aide de cet appareil, et il ne reste plus qu'à en rapporter les résultats, qui sont consignés dans le tableau suivant :

La 1re colonne contient les numéros d'ordre des expériences.

La 2e les poids suspendus à la circonférence du tambour, y compris celui du plateau.

La 3e la tension du brin surtendu ⎱ déduite de la comparaison de la courbe
La 4e la tension du brin détendu ⎰ de flexion avec l'échelle de tare.

La 5e la somme des deux tensions ou le double de la tension naturelle.

TABLEAU N° III.

27. EXPÉRIENCES SUR LA VARIATION DE LA TENSION DES COURROIES SANS FIN EMPLOYÉES A TRANSMETTRE LE MOUVEMENT A DES AXES DE ROTATION.

NUMÉROS des expériences.	POIDS suspendu à la circonférence du tambour. Q	TENSION DU BRIN montant ou surtendu. t	descendant ou détendu. t'	SOMME des tensions. $t + t' = 2T$.	OBSERVATIONS.
1	0	^{k} 17,49	^{k} 14,89	32,38	
2	20,23	27,24	5,82	32,86	
3	27,23	28,63	4,62	33,25	La courroie glisse sur le tambour.
4	0	29,41	26,03	55,44	
5	10,23	34,05	21,23	55,28	
6	20,23	38,82	16,44	55,26	
7	30,23	44,42	10,96	55,38	Les dynamomètres ont marché d'un mètre environ.
8	44,23	49,84	9,41	59,25	
9	0	33,43	28,26	61,69	
10	25,23	44,89	18,83	63,72	Idem.
11	50,23	53,40	9,24	62,64	
12	0	30,34	26,27	56,71	
13	52,00	47,06	7,19	54,25	La courroie glisse sur le tambour.
14	0	48,76	44,85	93,61	
15	25,23	58,97	31,86	90,83	
16	50,23	71,20	21,57	92,77	
17	0	44,69	40,24	84,93	
18	50,23	69,96	18,49	88,45	
19	79,23	77,39	19,69	97,05	Idem.
20	0	39,32	38,35	77,67	*Outre la charge Q, on avait suspendu à la circonférence moyenne des aubes ou à la distance de $1^m,85$ de l'axe de la roue, un poids de $10^k,229$, qui a rompu l'équilibre.
21	40,23	61,14	20,03	81,17*	

NOTA. La courroie employée dans ces expériences était très-souple, molle et peu susceptible de se polir en glissant.

On a déduit des données des expériences 3, 13 et 19 respectivement

$$f = 0{,}578, \quad f = 0{,}596, \quad f = 0{,}544,$$

dont la moyenne $f = 0{,}539$ surpasse de $\frac{1}{7}$ environ la valeur déduite des expériences directes faites sur la courroie neuve employée
aux expériences sur le frottement des tourillons et de $\frac{1}{12,5}$ celle
que l'on a déduite des expériences sur une courroie neuve très-
sèche et très-rude.

**28. Observations sur les résultats contenus dans le
tableau précédent.** En examinant les résultats contenus dans
ce tableau, on voit que la première ligne de chaque série
d'expériences correspond au cas où le poids additionnel p était
nul, et où chaque brin prenait la tension correspondante à l'é-
loignement des axes. Ces tensions ne sont pas égales par suite
de l'action inévitable des résistances passives mises en jeu, mais
elles diffèrent d'ailleurs assez peu l'une de l'autre. A mesure que
le poids suspendu au tambour augmente, la tension de l'un des
brins s'accroît et celle de l'autre diminue, mais de telle sorte
que leur somme reste constante, ainsi que le montre la cinquième
colonne du tableau.

Ces résultats, qui confirment complètement la théorie établie
par M. Poncelet, étant d'ailleurs relatifs à des tensions dont la
somme s'élève jusqu'à 90 kilogrammes et plus et dont les plus
grandes montent jusqu'à 77 kilogrammes, et les plus petites
descendent à moins de 5 kilogrammes, comprennent presque
tous les cas de la pratique et montrent que cette théorie peut
avec sûreté être appliquée au calcul de toutes les machines mues
par des courroies.

On doit donc regarder comme démontré, à la fois par la théorie
et par l'expérience, que dans la transmission du mouvement d'un
axe à un autre, à l'aide de courroies sans fin, la somme des

tensions reste constante, soit au moment du passage du repos au mouvement, soit pendant le mouvement, soit enfin au moment où la courroie glisse sur l'un des tambours.

29. TENSION QUE L'ON PEUT AVEC SÉCURITÉ FAIRE SUPPORTER AUX COURROIES. J'ajouterai que l'examen de l'état des courroies, après ces expériences et après celles relatives à leur glissement à la surface du tambour, a montré qu'elles n'avaient éprouvé aucune altération apparente, quoique la petite courroie de $0^m,028$ de large sur $0^m,005$ d'épaisseur, eût supporté une tension de 62 kilogrammes ou $2^k,25$ par millimètre quarré de section et que la courroie employée aux dernières expériences, qui était très-vieille et très-usée sur ses bords, eût, avec une largeur de $0^m,050$ sur $0^m,004$ d'épaisseur, été soumise assez long-temps à une tension de 97 kilogrammes, ou de $2^k,06$ par millimètre quarré. On voit donc que dans la pratique on pourra avec sécurité faire supporter aux courroies des tensions calculées à raison de 2 kilogrammes par millimètre quarré * de leur section et que leur épaisseur étant d'ailleurs ordinairement limitée de $0^m,004$ à $0^m,008$ quand elles ne sont pas doublées, on pourra déterminer la dimension qu'il conviendra de leur donner, et au-delà de laquelle il n'y aura pas d'avantage à augmenter leur largeur, ainsi qu'on le fait parfois démesurément.

30. RÉSULTATS DES EXPÉRIENCES SUR LE FROTTEMENT DES TOURILLONS. Les expériences préliminaires, dont il vient d'être question, justifiant complètement la marche qui a été suivie pour le calcul de celles qui ont été entreprises sur le frottement des tourillons, il ne reste plus qu'à exposer les résultats auxquels on est parvenu et qui se déduisent de l'observation directe des courbes de flexion combinée avec l'une ou l'autre des formules du n° 16.

---

* La règle pratique donnée par Coulomb, fixe pour limite de la charge qu'on peut, avec sécurité, faire porter à un cordage 40 kilogrammes par fil de caret, ce qui revient à peu près à $3^k,70$ par millimètre quarré.

Les tableaux suivans contiennent toutes les données et les ré-sultats des expériences.

La première colonne indique le numéro d'ordre de chacune d'elles.

La deuxième, le diamètre du tourillon sur une largeur de coussinet constante et égale à $0^m,10$.

La troisième, la nature de l'enduit.

La quatrième, le nombre de tours de l'arbre par minute.

La cinquième, la vitesse de la circonférence du tourillon par seconde.

La sixième, le poids total de l'arbre et de sa charge.

La septième, le moment de la tension du ressort, par rap-port à l'axe, déduit de l'observation de la courbe de flexion.

La huitième, le rapport du frottement à la pression.

La neuvième, les données constantes de chaque série d'expé-riences et celle des formules du n° 16 qu'on a employée au calcul, ainsi que les observations.

TABLEAU N° IV.

31. EXPÉRIENCES SUR LE FROTTEMENT DES TOURILLONS DE FONTE, EN MOUVEMENT SUR DES COUSSINETS DE FONTE.

N°s des expériences.	DIAMÈTRE des tourillons. $2r$	NATURE de l'enduit.	NOMBRE de tours de l'arbre en 1′.	VITESSE de la circonférence des tourillons en 1″.	POIDS de l'arbre et de sa charge. Q	MOMENT de la tension du ressort. FL	RAPPORT du frottement à la pression.	FORMULES EMPLOYÉES et observations.
1	0,10	Huile.	27,6	0,068	1029	1,386	0,082	
2	0,10	id.	29,0	0,149	1029	1,386	0,082	
3	0,10	id.	29,0	0,149	1029	1,386	0,082	$f = \dfrac{FL + 0,711}{(0,96Q + 35,00)r}$
4	0,10	id.	29,0	0,149	1029	1,386	0,082	
5	0,10	id.	26,0	0,136	1029	1,232	0,077	Dans toutes les expériences de
6	0,10	id.	26,0	0,136	1029	1,309	0,079	cette série, l'huile se répan-
7	0,10	id.	20,0	0,104	1029	1,386	0,082	dait seule à la surface des
8	0,10	id.	20,0	0,104	1029	1,309	0,079	tourillons qui n'était qu'onc-
9	0,10	id.	11,5	0,060	1029	1,386	0,082	tueuse au toucher.
10	0,10	id.	11,5	0,060	1029	1,386	0,082	
						Moyenne.	0,081	
11	0,10	Huile.	24,0	0,125	1029	1,848	0,052	
12	0,10	id.	24,0	0,125	1029	1,848	0,052	
13	0,10	id.	24,0	0,125	1029	1,848	0,052	
14	0,10	id.	29,0	0,149	1029	1,848	0,052	$f = \dfrac{FL + 0,866}{(0,96Q + 53,10)r}$
15	0,10	id.	27,2	0,142	1029	1,848	0,052	
16	0,10	id.	27,2	0,142	1029	1,736	0,050	Dans toutes les expériences de
17	0,10	id.	15,4	0,080	1029	1,848	0,052	cette série, on avait eu soin
18	0,10	id.	15,4	0,080	1029	1,848	0,052	de répandre sans cesse l'huile
19	0,10	id.	12,0	0,062	1029	2,156	0,057	à la surface des tourillons.
20	0,10	id.	12,5	0,065	1029	1,942	0,054	
						Moyenne.	0,053	
21	0,10	Huile.	26,0	0,136	1032	1,848	0,058	
22	0,10	id.	»	»	1032	1,848	0,058	$f = \dfrac{FL + 1,341}{(0,96Q + 108,77)r}$
23	0,10	id.	»	»	1032	1,170	0,046	
24	0,10	id.	23,0	0,121	1032	1,294	0,048	Dans toutes les expériences de
25	0,10	id.	29,0	0,149	1032	1,294	0,048	cette série, on avait eu soin
26	0,10	id.	29,0	0,149	1032	1,294	0,048	de répandre sans cesse l'huile à la surface des tourillons.
						Moyenne.	0,051	

Suite du TABLEAU N° IV.

EXPÉRIENCES SUR LE FROTTEMENT DES TOURILLONS DE FONTE, EN MOUVEMENT SUR DES COUSSINETS DE FONTE.

N.os des expéri- ences.	DIAMÈTRE des tourillons. $2r$	NATURE de l'enduit.	NOMBRE de tours de l'arbre en 1'.	VITESSE de la circonférence des tourillons en 1".	POIDS de l'arbre et de sa charge. Q	MOMENT de la tension du ressort. FL	RAPPORT du frottement à la pression.	FORMULES EMPLOYÉES et observations.
27	0,10	Huile.	8,2	0,043	1032	1,786	0,058	
28	0,10	id.	8,2	0,042	1032	1,786	0,058	$f = \dfrac{FL + 1,341}{(0,96Q + 108,77)r}$
						Moyenne.	0,058	
29	0,10	Huile.	9,6	0,050	1885,15	5,544	0,069*	$f = \dfrac{FL + 0,866}{(0,96Q + 53,10)r}$
30	0,10	id.	10,7	0,056	1885,15	5,544	0,069*	
31	0,10	id.	23,0	0,121	1885,15	3,388	0,045	* Le tourillon s'alimente d'huile à la manière ordinaire.
32	0,10	id.	26,0	0,136	1885,15	2,772	0,040	
33	0,10	id.	20,0	0,104	1885,15	5,236	0,065	
34	0,10	id.	20,6	0,108	1885,15	4,630	0,058	
35	0,10	id.	20,6	0,108	1885,15	4,620	0,058	On a sans cesse renouvelé l'enduit.
36	0,10	id.	26,0	0,136	1885,15	4,066	0,052	
37	0,10	id.	26,0	0,136	1885,15	3,542	0,047	
38	0,10	id.	13,3	0,070	1885,15	4,158	0,054	
39	0,10	id.	13,3	0,070	1885,15	4,312	0,055	
40	0,10	id.	6,0	0,031	1885,15	6,468	0,079	Le tourillon s'alimente seul d'huile, sa surface ne paraît qu'onctueuse.
41	0,10	id.	13,0	0,068	1885,15	4,004	0,052	
						Moyenne.	0,057	
42	0,054	Huile.	24,0	0,125	1016,50	2,402	0,109	$f = \dfrac{FL + 0,711}{(0,96Q + 35,00)r}$
43	0,054	id.	24,0	0,125	1016,50	2,402	0,109	
44	0,054	id.	27,2	0,142	1016,50	2,002	0,095	L'huile était exprimée par la pression, et les surfaces n'é-
45	0,054	id.	27,2	0,142	1016,50	2,156	0,101	taient qu'onctueuses au tou-
46	0,054	id.	25,0	0,131	1016,50	2,156	0,101	cher.
						Moyenne.	0,103	
47	0,054	Huile.	12,2	0,064	965	3,696	0,154	$f = \dfrac{FL + 0,866}{(0,96Q + 53,10)r}$
48	0,054	id.	20,0	0,104	965	2,310	0,118	
49	0,054	id.	20,6	0,108	965	1,848	0,098	Tourillon peu poli.
50	0,054	id.	22,2	0,116	965	1,848	0,098	
						Moyenne.	0,117	

★

Suite du TABLEAU N° IV.

EXPÉRIENCES SUR LE FROTTEMENT DES TOURILLONS DE FONTE, EN MOUVEMENT SUR DES COUSSINETS DE FONTE.

N°ˢ des expériences.	DIAMÈTRE des tourillons. $2r$	NATURE de l'enduit.	NOMBRE de tours de l'arbre en 1′.	VITESSE de la circonférence des tourillons en 1″.	POIDS de l'arbre et de sa charge. Q	MOMENT de la tension du ressort. FL	RAPPORT du frottement à la pression.	FORMULES EMPLOYÉES et observations.
51	0,10	Saindoux.	12	0,062	447,25 ^{k}	0,493	0,048	
52	0,10	id.	12	0,063	447,25	0,616	0,053	$f = \dfrac{FL + 0{,}711}{(0{,}96Q + 35{,}00)r}$
53	0,10	id.	25	0,132	447,25	0,616	0,053	
54	0,10	id.	24	0,126	447,25	0,616	0,053	
55	0,10	id.	23	0,120	447,25	0,370	0,043	L'enduit était continuellement renouvelé.
56	0,10	id.	Très-lent.	»	447,25	0,554	0,050	
57	0,10	id.	id.	»	447,25	0,554	0,050	
58	0,10	id.	id.	»	447,25	0,616	0,053	
59	0,10	id.	id.	»	447,25	0,739	0,057	
60	0,10	id.	id.	»	447,25	0,801	0,060	Les surfaces s'alimentaient seules de graisse, et ne paraissaient qu'onctueuses au toucher.
61	0,10	id.	28,5	0,150	447,25	1,016	0,076	
						Moyenne.	0,054	
62	0,10	Saindoux.	26,0	0,137	1032	0,616	0,037	
63	0,10	id.	Très-lent.	»	1032	0,616	0,037	
64	0,10	id.	id.	»	1032	0,616	0,037	
65	0,10	id.	id.	»	1032	0,739	0,038	
66	0,10	id.	id.	»	1032	0,739	0,038	
67	0,10	id.	id.	»	1032	0,893	0,040	
68	0,10	id.	id.	»	1032	0,770	0,039	
69	0,10	id.	8,8	0,046	1032	0,770	0,039	
70	0,10	id.	28,5	0,150	1032	1,634	0,032	
71	0,10	id.	28,5	0,150	1032	2,310	0,038	
72	0,10	id.	24,0	0,126	1032	1,386	0,029	
73	0,10	id.	24,0	0,126	1032	2,310	0,038	$f = \dfrac{FL + 1{,}341}{(0{,}96Q + 108{,}77)r}$
74	0,10	id.	19,3	0,101	1032	2,772	0,043	
75	0,10	id.	13,6	0,073	1032	1,078	0,025	L'enduit était continuellement renouvelé.
76	0,10	id.	18,7	0,098	1032	1,140	0,026	
77	0,10	id.	18,7	0,098	1032	2,002	0,035	
78	0,10	id.	28,5	0,150	1032	1,232	0,026	
79	0,10	id.	28,5	0,150	1032	1,848	0,032	
80	0,10	id.	26,0	0,137	1032	1,848	0,032	
81	0,10	id.	22,2	0,116	1032	2,464	0,040	
82	0,10	id.	22,2	0,116	1032	1,232	0,026	
83	0,10	id.	6,2	0,033	1032	1,478	0,030	
84	0,10	id.	6,2	0,033	1032	1,694	0,031	
85	0,10	id.	28,5	0,150	1032	2,156	0,036	
86	0,10	id.	28,5	0,150	1032	2,679	0,041	
87	0,10	id.	28,5	0,150	1032	1,694	0,031	
						Moyenne.	0,035	

Suite du TABLEAU N° IV.

EXPÉRIENCES SUR LE FROTTEMENT DES TOURILLONS DE FONTE, EN MOUVEMENT SUR DES COUSSINETS DE FONTE.

Nᵒˢ des expériences.	DIAMÈTRE des tourillons. $2r$	NATURE de l'enduit.	NOMBRE de tours de l'arbre eu 1'.	VITESSE de la circonférence des tourillons eu 1".	POIDS de l'arbre et de sa charge. Q	MOMENT de la tension du ressort. FL	RAPPORT du frottement à la pression.	FORMULES EMPLOYÉES et observations.
88	0,10	Saindoux.	12,0	0,062	1885,15^{k}	5,236	0,065*	$f = \dfrac{FL + 0,866}{(0,96Q + 53,10)r}$
89	0,10	id.	17,1	0,089	1885,15	4,928	0,062	
90	0,10	id.	17,1	0,089	1885,15	4,928	0,062	* La surface s'alimentait seule de graisse et ne paraissoit qu'onctueuse au toucher.
91	0,10	id.	22,2	0,116	1885,15	4,312	0,055	
92	0,10	id.	22,2	0,116	1885,15	3,696	0,049	
93	0,10	id.	22,2	0,116	1885,15	4,004	0,052	
94	0,10	id.	26,0	0,136	1885,15	4,666	0,057	On a renouvelé l'enduit.
95	0,10	id.	20,0	0,104	1885,15	4,312	0,055	
96	0,10	id.	20,0	0,104	1885,15	4,004	0,052	
97	0,10	id.	19,2	0,101	1885,15	4,374	0,056	
98	0,10	id.	19,2	0,101	1885,15	3,850	0,050	
99	0,10	id.	25,0	0,131	1885,15	3,080	0,042	
100	0,10	id.	24,0	0,125	1885,15	2,772	0,040	La surface s'alimentait seule de graisse.
101	0,10	id.	10,5	0,056	1885,15	5,390	0,067	
102	0,10	id.	13,3	0,070	1885,15	3,696	0,049	On a renouvelé l'enduit.
103	0,10	id.	13,0	0,068	1885,15	3,696	0,049	
						Moyenne.	0,054	
104	0,054	Saindoux.	15,8	0,082	965	2,772	0,137	$f = \dfrac{FL + 0,866}{(0,96Q + 53,10)r}$
105	0,054	id.	17,6	0,092	965	2,772	0,137	
106	0,054	id.	22,2	0,116	965	2,772	0,137	
107	0,054	id.	22,2	0,116	965	2,772	0,137	Tourillons non polis.
108	0,054	id.	9,2	0,047	965	2,772	0,137	
109	0,054	id.	9,0	0,047	965	2,772	0,137	
						Moyenne.	0,137	
110	0,054	Saindoux.	26,0	0,136	1016	1,263	0,070	$f = \dfrac{FL + 0,711}{(0,96Q + 35,00)r}$
111	0,054	id.	23,0	0,120	1016	1,663	0,084	
112	0,054	id.	19,2	0,100	1016	1,786	0,087	
113	0,054	id.	19,2	0,100	1016	1,417	0,075	
114	0,054	id.	15,8	0,082	1016	1,386	0,074	Les surfaces se sont alimentées seules de graisse.
115	0,054	id.	15,8	0,082	1016	1,210	0,069	
116	0,054	id.	11,1	0,058	1016	1,263	0,070	
117	0,054	id.	11,1	0,058	1016	1,263	0,070	
118	0,054	id.	27,2	0,142	1016	0,989	0,060	
119	0,054	id.	27,2	0,142	1016	1,232	0,069	
						Moyenne.	0,073	

Suite du TABLEAU N° IV.

EXPÉRIENCES SUR LE FROTTEMENT DES TOURILLONS DE FONTE, EN MOUVEMENT SUR COUSSINETS DE FONTE.

N°ˢ des expériences.	DIAMÈTRE des tourillons. $2r$	NATURE de l'enduit.	NOMBRE de tours de l'arbre en 1'.	VITESSE de la circonférence des tourillons en 1".	POIDS de l'arbre et de sa charge. Q	MOMENT de la tension du ressort. FL	RAPPORT du frottement à la pression.	FORMULES EMPLOYÉES et observations.
120	0,10	Suif.	25,0	0,131	447,25	0,585	0,051	
121	0,10	id.	25,0	0,131	447,25	0,616	0,053	$f = \dfrac{FL + 0,711}{(0,96Q + 35,00)r}$
122	0,10	id.	22,2	0,116	447,25	0,616	0,053	
123	0,10	id.	22,2	0,116	447,25	0,616	0,053	L'enduit n'a pas été renouvelé
124	0,10	id.	16,6	0,087	447,25	0,585	0,051	à chaque expérience; les
125	0,10	id.	16,6	0,087	447,25	0,554	0,050	surfaces sont néanmoins très-
126	0,10	id.	10,7	0,056	447,25	0,647	0,054	onctueuses.
127	0,10	id.	10,3	0,054	447,25	0,647	0,054	
						Moyenne.	0,052	
128	0,10	Suif.	20,0	0,104	980	1,725	0,052	
129	0,10	id.	20,0	0,104	980	1,725	0,052	$f = \dfrac{FL + 0,866}{(0,96Q + 53,10)r}$
130	0,10	id.	24,0	0,125	980	1,725	0,052	
131	0,10	id.	25,0	0,131	980	1,632	0,050	L'enduit n'a pas été renouvelé
132	0,10	id.	25,0	0,131	980	1,632	0,050	à chaque expérience; les
133	0,10	id.	10,2	0,053	980	1,632	0,050	surfaces sont néanmoins très-
134	0,10	id.	10,3	0,054	980	1,632	0,050	onctueuses.
						Moyenne.	0,051	
135	0,10	Suif.	24,0	0,125	1032	0,801	0,039	
136	0,10	id.	24,0	0,125	1032	0,716	0,037	
137	0,10	id.	20,6	0,108	1032	0,716	0,037	
138	0,10	id.	13,0	0,068	1032	0,716	0,037	
139	0,10	id.	12,5	0,065	1032	0,716	0,037	
140	0,10	id.	25,0	0,131	1032	0,801	0,039	$f = \dfrac{FL + 1,341}{(0,96Q + 108,77)r}$
141	0,10	id.	20,6	0,108	1032	0,801	0,039	
142	0,10	id.	12,5	0,065	1032	0,716	0,037	L'enduit a été renouvelé à cha-
143	0,10	id.	»	Très-lent.	1032	0,716	0,037	que expérience.
144	0,10	id.	15,4	0,080	1884	1,848	0,033	
145	0,10	id.	15,4	0,080	1884	1,386	0,027	
146	0,10	id.	27,2	0,142	1884	1,386	0,027	
147	0,10	id.	27,2	0,142	1884	1,571	0,029	
148	0,10	id.	27,2	0,142	1884	1,910	0,032	
149	0,10	id.	25,0	0,131	1884	2,218	0,035	
						Moyenne.	0,035	

Suite du TABLEAU N° IV.

EXPÉRIENCES SUR LE FROTTEMENT DES TOURILLONS DE FONTE, EN MOUVEMENT SUR DES COUSSINETS DE FONTE.

N.os des expériences.	DIAMÈTRE des tourillons. 2r	NATURE de l'enduit.	NOMBRE de tours de l'arbre en 1'.	VITESSE de la circonférence des tourillons en 1".	POIDS de l'arbre et de sa charge. Q	MOMENT de la tension du ressort. FL	RAPPORT du frottement à la pression.	FORMULES EMPLOYÉES et observations.
150	0,10	Suif.	9,6	0,050	1884	2,957	0,045	
151	0,10	id.	9,6	0,050	1884	2,957	0,045	$f = \dfrac{FL + 1{,}341}{(0{,}96Q + 108{,}77)r}$
152	0,10	id.	16,6	0,087	1884	2,957	0,045	
153	0,10	id.	16,6	0,087	1884	2,926	0,044	
154	0,10	id.	26,0	0,136	1884	3,150	0,046	L'enduit a été renouvelé à chaque expérience.
155	0,10	id.	26,0	0,136	1884	3,773	0,053	
156	0,10	id	26,0	0,136	1884	3,542	0,050	
						Moyenne.	0,047	
157	0,10	Suif.	13,3	0,070	1885,15	1,848	0,054	$f = \dfrac{FL + 0{,}866}{(0{,}96Q + 53{,}10)r}$ L'enduit a été renouvelé à chaque expérience.
158	0,054	Suif.	13,6	0,071	1016,50	2,556	0,114	
159	0,054	id.	13,6	0,071	1016,50	2,310	0,106	$f = \dfrac{FL + 0{,}711}{(0{,}96Q + 35{,}00)r}$
160	0,054	id.	22,2	0,116	1016,50	2,310	0,106	
						Moyenne.	0,109	
161	0,054	Suif.	22,2	0,116	1016,50	2,094	0,095	
162	0,054	id.	27,2	0,142	1016,50	2,094	0,095	
163	0,054	id.	27,2	0,142	1016,50	1,805	0,083	$f = \dfrac{FL + 0{,}711}{(0{,}96Q + 35{,}00)r}$
164	0,054	id.	19,2	0,101	1016,50	1,925	0,093	
165	0,054	id.	20,0	0,104	1016,50	1,540	0,074	Les surfaces s'alimentent seules
166	0,054	id.	16,4	0,085	1016,50	1,540	0,074	d'enduit et ne sont qu'onc-
167	0,054	id.	»	»	1016,50	1,805	0,083	tueuses.
168	0,054	id.	9,3	0,049	1016,50	2,094	0,095	
						Moyenne.	0,086	

 EXPÉRIENCES SUR LE FROTTEMENT DES TOURILLONS.

Suite du TABLEAU N° IV.

EXPÉRIENCES SUR LE FROTTEMENT DES TOURILLONS DE FONTE, EN MOUVEMENT SUR DES COUSSINETS DE FONTE.

N°s des expéri- ences.	DIAMÈTRE des tourillons. $2r$	NATURE de l'enduit.	NOMBRE de tours de l'arbre en 1'.	VITESSE de la circonférence des tourillons en 1".	POIDS de l'arbre et de sa charge. Q	MOMENT de la tension du ressort. FL	RAPPORT du frottement à la pression.	FORMULES EMPLOYÉES et observations.
169	0,054	Cambouis.	18,0	0,095	965^k	1,232	0,079	
170	0,054	id.	18,0	0,095	965	1,232	0,079	$f=\dfrac{FL+0,866}{(0,96Q+53,10)r}$
171	0,054	id.	24,0	0,125	965	1,232	0,079	
172	0,054	id.	24,0	0,125	965	1,239	0,079	Tant que le cambouis est mou, le rapport se maintient, à
173	0,054	id.	11,1	0,058	965	1,940	0,106	très peu près, constamment
174	0,054	id.	11,2	0,059	965	1,239	0,079	égal à 0,079, mais il augmente
175	0,054	id.	16,6	0,087	965	1,940	0,106	dès que l'enduit devient moins
176	0,054	id.	16,4	0,085	965	2,218	0,116	abondant et plus dur.
177	0,054	id.	21,5	0,112	965	2,772	0,136	
178	0,054	id.	20,6	0,108	965	2,926	0,143	
179	0,054	id.	23,0	0,121	965	3,080	0,149	
						Moyenne.	0,105	
180	0,054	Cambouis et eau.	24,0	0,125	965	1,232	0,079	
181	0,054	id.	24,0	0,125	965	1,232	0,079	
182	0,054	id.	18,0	0,095	965	1,232	0,079	$f=\dfrac{FL+0,866}{(0,96Q+53,10)r}$
183	0,054	id.	17,6	0,092	965	1,232	0,079	
184	0,054	id.	10,9	0,057	965	1,232	0,079	
185	0,054	id.	10,9	0,057	965	1,232	0,079	
						Moyenne.	0,079	
186	0,054	Asphalte.	13,0	0,068	965	0,339	0,045	
187	0,054	id.	12,7	0,067	965	0,339	0,045	
188	0,054	id.	21,5	0,112	965	0,462	0,049	
189	0,054	id.	22,2	0,116	965	0,616	0,056	$f=\dfrac{FL+0,866}{(0,96Q+53,10)r}$
190	0,054	id.	24,0	0,125	965	0,462	0,049	
191	0,054	id.	24,0	0,125	965	0,770	0,061	
192	0,054	id.	19,2	0,101	965	0,524	0,051	
193	0,054	id.	19,2	0,101	965	0,770	0,061	
						Moyenne.	0,052	

Suite du TABLEAU N° IV.

EXPÉRIENCES SUR LE FROTTEMENT DES TOURILLONS DE FONTE, EN MOUVEMENT SUR DES COUSSINETS DE FONTE.

N.ᵒˢ des expéri- ences.	DIAMÈTRE des tourillons. 2r	NATURE de l'enduit.	NOMBRE de tours de l'arbre en 1'.	VITESSE de la circonférence des tourillons en 1″.	POIDS de l'arbre et de sa charge. Q	MOMENT de la tension du ressort. FL	RAPPORT du frottement à la pression.	FORMULES EMPLOYÉES et observations.
194	0,054	Asphalte.	19,2	0,101	965 k	0,770	0,061	
195	0,054	id.	5,5	0,028	965	0,678	0,058	$f = \dfrac{FL + 0,866}{(0,96Q + 53,10)r}$
196	0,054	id.	4,9	0,025	965	0,801	0,063	
						Moyenne.	0,061	
197	0,10		17,1	0,089	980	6,930	0,157	
198	0,10	Eau et	17,6	0,092	980	6,314	0,145	
199	0,10	surfaces	15,8	0,082	980	4,928	0,118	$f = \dfrac{FL + 1,220}{(0,96Q + 94,63)r}$
200	0,10	très-peu	15,8	0,082	980	5,952	0,138	
201	0,10	onctueuses	8,3	0,043	980	5,952	0,138	
202	0,10		8,5	0,045	980	5,390	0,127	
						Moyenne.	0,137	
203	0,10	Surfaces onc-tueuses.	23,0	0,121	447,25	1,910	0,103	
204	0,10	id.	23,0	0,121	447,25	1,910	0,103	
205	0,10	id.	18,7	0,098	447,25	2,094	0,110	
206	0,10	id.	18,7	0,098	447,25	1,848	0,100	$f = \dfrac{FL + 0,711}{(0,96Q + 35,00)r}$
207	0,10	id.	11,1	0,058	447,25	2,156	0,112	
208	0,10	id.	11,1	0,058	447,25	2,238	0,115	
209	0,10	id.	27,2	0,142	447,25	2,002	0,106	
210	0,10	id.	27,2	0,142	447,25	2,002	0,106	
						Moyenne.	0,107	
211	0,10	Surfaces onc-tueuses.	22,2	0,116	980	4,466	0,107	
212	0,10	id.	23,0	0,116	980	4,466	0,107	
213	0,10	id.	13,3	0,070	980	4,466	0,107	
214	0,10	id.	12,7	0,067	980	6,160	0,141	$f = \dfrac{FL + 0,866}{(0,96Q + 53,10)r}$
215	0,10	id.	12,5	0,065	980	6,468	0,147	
216	0,10	id.	23,0	0,121	980	6,468	0,147	Un des tourillons se rodait.
217	0,10	id.	23,0	0,116	980	6,314	0,142	
218	0,10	id.	22,2	0,116	980	3,080	0,147	
219	0,10	id.	22,2	0,116	980	3,388	0,163	
220	0,10	id.	15,0	0,078	980	3,696	0,172	
						Moyenne.	0,138	

EXPÉRIENCES SUR LE FROTTEMENT DES TOURILLONS.

Suite du TABLEAU N° IV.

EXPÉRIENCES SUR LE FROTTEMENT DES TOURILLONS DE FONTE, EN MOUVEMENT SUR DES COUSSINETS DE FONTE.

N^{os} des expériences.	DIAMÈTRE des tourillons. $2r$	NATURE de l'enduit.	NOMBRE de tours de l'arbre en 1'.	VITESSE de la circonférence des tourillons en 1".	POIDS de l'arbre et de sa charge. Q	MOMENT de la tension du ressort. FL	RAPPORT du frottement à la pression.	FORMULES EMPLOYÉES et observations.
221	0,054	Surfaces onctueuses.	22,2	0,116	965	2,464	0,125	
222	0,054	*id.*	23,0	0,121	965	2,618	0,131	
223	0,054	*id.*	20,6	0,108	965	2,618	0,131	$f = \dfrac{FL + 0,866}{(0,96Q + 53,10)r}$
224	0,054	*id.*	20,6	0,108	965	2,618	0,131	
225	0,054	*id.*	12,2	0,064	965	2,772	0,137	
226	0,054	*id.*	12,2	0,064	965	2,618	0,131	
						Moyenne.	0,131	
227	0,054	Surfaces onctueuses.	16,6	0,087	1016,5	2,218	0,103	
228	0,054	*id.*	29,0	0,149	1016,5	1,888	0,090	$f = \dfrac{FL + 0,711}{(0,96Q + 35,00)r}$
229	0,054	*id.*	12,5	0,065	1016,5	2,002	0,096	
						Moyenne.	0,096	
230	0,10		24,0	0,125	1032	2,464	0,069	
231	0,10		24,0	0,125	1032	2,464	0,069	
232	0,10	Surfaces	19,2	0,101	1032	2,772	0,075	
233	0,10		18,7	0,098	1032	3,080	0,080	$f = \dfrac{FL + 1,341}{(0,96Q + 108,77)r}$
234	0,10	très	9,3	0,049	1032	3,234	0,083	
235	0,10		15,0	0,078	1032	3,080	0,080	
236	0,10	onctueuses	15,0	0,078	1032	3,080	0,080	
237	0,10		27,2	0,142	1032	3,080	0,080	
238	0,10		29,0	0,149	1032	3,234	0,083	
						Moyenne.	0,078	
239	0,10	Surfaces	24,0	0,125	1032	4,158	0,101	
240	0,10	très	24,0	0,125	1032	3,696	0,092	
241	0,10		14,5	0,075	1032	2,341	0,064	
242	0,10	onctueuses	14,5	0,075	1032	2,341	0,064	$f = \dfrac{FL + 0,866}{(0,96Q + 53,10)r}$
243	0,10	et	7,3	0,038	1032	2,772	0,073	
244	0,10	mouillées	6,8	0,035	1032	2,464	0,067	
245	0,10	d'eau.	16,6	0,087	1032	2,341	0,064	
246	0,10		16,6	0,087	1032	2,156	0,061	
						Moyenne.	0,073	

32. Observations sur les résultats contenus dans le tableau précédent. L'examen des résultats contenus dans le tableau précédent, montre que les lois observées pour le frottement des surfaces planes subsistent encore pour les tourillons en mouvement sur leurs coussinets. On voit, en effet, que la vitesse du mouvement et la pression ayant varié dans le rapport de 1 à 4 environ, le rapport du frottement à la pression, n'en est pas moins resté constant, lorsque les autres circonstances étaient les mêmes. Quant au diamètre des tourillons, il n'a pas non plus d'influence directe sur le rapport du frottement à la pression, pour un même état des surfaces, mais comme l'étendue de la surface de contact diminue avec ce diamètre et que, par conséquent, il en résulte une augmentation de pression par centimètre quarré, cet effet occasionne une expulsion plus ou moins complète de l'enduit, et rapproche ces surfaces de l'état onctueux, ce qui tend à augmenter la valeur du rapport du frottement à la pression. C'est à cette cause seule qu'il faut attribuer l'augmentation de ce rapport pour les petits diamètres et pour un même enduit. On remarque, en effet, que cette augmentation est d'autant plus grande que l'enduit est plus fluide, et qu'ainsi elle l'est davantage pour l'huile que pour le saindoux et le suif, et qu'elle est nulle pour le cas où les surfaces sont simplement onctueuses.

Quant à la valeur du rapport du frottement à la pression, elle présente, dans des circonstances, en apparence identiques, des variations considérables, au sujet desquelles je dois entrer dans quelques explications. Dès les premières expériences, je m'aperçus à l'inspection de la courbe de flexion du dynamomètre que la résistance diminuait notablement, lorsque l'enduit était abondamment et continuellement répandu à la surface des tourillons. Mais si, après avoir versé de l'huile ou placé de la graisse dans l'angle des tourillons et des coussinets, on laissait marcher l'appareil quelque temps, on remarquait bientôt que les surfaces ne parais-

*

saient plus qu'un peu onctueuses au toucher et que la tension du ressort ou la résistance augmentait. Il arrivait que l'huile s'écoulait de part et d'autre, ou que la graisse, malgré son état de mollesse, ne touchant plus la surface du tourillon, qui avait enlevé d'abord les parties primitivement en contact avec elle, celle-ci n'était plus convenablement alimentée d'enduit. La température développée par le frottement dans ces circonstances était d'ailleurs trop faible pour occasionner la fusion des graisses, et ce n'eût été que quand la résistance se serait beaucoup plus accrue qu'elle aurait pu produire cet effet. Cette augmentation de la résistance, par suite de l'expulsion et de la consommation de l'enduit, aurait d'ailleurs continué jusqu'à ce que les surfaces se fussent rodées l'une sur l'autre et il ne pouvait être d'aucun intérêt d'en suivre tous les degrés. Je me suis donc contenté d'observer trois états principaux, d'abord celui où l'alimentation d'enduit étant continuelle et les surfaces parfaitement lubrifiées, le rapport du frottement à la pression a atteint sa limite inférieure relative à chaque cas, ensuite celui où l'alimentation se faisant à la manière habituelle, ce rapport a sa valeur la plus ordinaire, enfin celui où les surfaces sont simplement onctueuses.

En réunissant ensemble les résultats du tableau précédent relatifs à l'un ou l'autre des deux premiers cas, on trouve que, pour les tourillons de fonte sur coussinets de fonte avec enduit d'huile d'olive, de saindoux ou de suif, le rapport du frottement à la pression est à peu près le même et a pour valeur, quand les surfaces sont

continuellement alimentées d'enduit.................. 0,054
alimentées à la manière ordinaire ou très-onctueuses 0,073 à 0,082

La première valeur peut être regardée comme la limite inférieure de ce rapport et la seconde comme sa valeur ordinaire. Celle-ci s'accorde d'ailleurs avec celle que nous avons précédemment déduite des expériences sur le frottement des surfaces planes en mouvement les unes sur les autres.

Ces observations montrent l'utilité et la nécessité de dispositions particulières, ayant pour but de renouveler sans cesse l'enduit à la surface des corps qui frottent les uns sur les autres. Déjà depuis plusieurs années les voitures publiques et quelques voitures de luxe sont construites de manière que l'enduit, qui doit lubrifier les essieux et les boîtes de roues, une fois introduit dans la boîte ne puisse s'en échapper, sans avoir été employé et en grande partie consommé. Dans les usines bien entretenues, on a aussi adopté, depuis quelque temps, l'usage de boîtes à huile, qui réunissent l'économie de l'enduit à celle du travail consommé par le frottement. Ces boîtes, qui se placent au-dessus du coussinet ou du contre-coussinet, portent à leur fond une ouverture garnie d'un tube cylindrique formant ajutage intérieur et dont le bout supérieur dépasse le niveau de l'huile que l'on verse dans la boîte. Une mèche de coton, dont le diamètre doit être, par expérience, proportionné à la quantité d'huile à débiter, traverse le tube et plonge par un bout dans le liquide, tandis que l'autre touche la surface du tourillon. L'action capillaire transforme cette mèche en une sorte de siphon, qui alimente ainsi d'huile les surfaces frottantes d'une manière continue et avec toute l'économie possible *.

Ce dispositif fort simple paraît devoir être adopté pour tous les axes de rotation soumis à des pressions, qui ne dépassent pas deux à trois mille kilogrammes, mais lorsque ces pressions deviennent très-fortes, l'huile, par sa fluidité, étant plus facile à expulser que le saindoux et le suif, il semblerait plus convenable d'employer alors ces enduits, en prenant les moyens convenables pour en assurer la continuelle répartition sur les surfaces frottantes, ce qui n'offre pas de difficulté.

* Il existe d'autres appareils destinés au même objet, mais ce n'est pas ici le lieu de les décrire.

Le tableau montre que, quand l'enduit est parvenu et se maintient à l'état de cambouis mou, le rapport du frottement à la pression est d'environ 0,08 , mais que quand il devient plus épais et plus dur, ce rapport peut s'élever jusqu'à la limite relative aux surfaces onctueuses.

La présence de l'eau sur un tourillon enduit de cambouis, en s'opposant à la fusion et à l'expulsion de la graisse, maintient long-temps le frottement à un état constant où son rapport à la pression a pour valeur

$$0,08 \text{ environ.}$$

L'asphalte de Bechelbronn ne paraît pas être préférable à l'huile , au saindoux ni au suif, dans le cas où elle est bien répandue, mais cette substance visqueuse adhérant plus fortement aux métaux, elle est plus difficile à expulser, ce qui est un léger avantage. D'un autre côté elle encrasse les corps et, quand elle s'est durcie, elle est fort difficile à enlever, ce qui est un grave inconvénient.

L'eau employée à mouiller des tourillons, qui ont été graissés et auxquels elle adhère peu , donne au rapport du frottement à la pression à peu près la même valeur que quand les surfaces sont onctueuses. Son unique avantage dans ce cas c'est d'empêcher les corps de s'échauffer et de se roder.

Pour le cas des surfaces onctueuses, le rapport du frottement à la pression varie, selon le degré d'onctuosité des surfaces, depuis 0,10 jusqu'à 0,172 , où les surfaces commencent à se roder, sa valeur moyenne pour des surfaces privées d'enduit paraît être de

$$0,130 \text{ à } 0,140,$$

c'est-à-dire sensiblement la même que pour le cas des surfaces planes de même espèce.

Lorsque les surfaces, sans offrir l'apparence d'un enduit, sont cependant très-onctueuses, ainsi que cela a lieu lorsqu'elles sont alimentées de graisse par les moyens ordinaires, le rapport cherché a pour valeur

$$0,073 \text{ environ},$$

c'est-à-dire celle que nous avons trouvée pour les surfaces planes.

Enfin, lorsque dans le cas précédent, un filet d'eau tombe sur le coussinet, et en empêchant l'échauffement, prévient la fusion et l'expulsion de la graisse, le rapport cherché conserve la même valeur que ci-dessus; ce cas est celui de beaucoup de tourillons de roues hydrauliques.

TABLEAU N° V.

33. EXPÉRIENCES SUR LE FROTTEMENT DES TOURILLONS DE FONTE EN MOUVEMENT, SUR DES COUSSINETS DE BRONZE.

N°s des expériences.	DIAMÈTRE des tourillons. $2r$	NATURE de l'enduit.	NOMBRE de tours de l'arbre en 1'.	VITESSE de la circonférence des tourillons en 1".	POIDS de l'arbre et de sa charge. Q	MOMENT de la tension du ressort. FL	RAPPORT du frottement à la pression.	FORMULES EMPLOYÉES et observations.
1	0,10	Néant.	»	»	965^k	16,940	0,358	
2	0,10	id.	»	»	965	16,632	0,352	$f = \dfrac{FL + 0,866}{(0,96Q + 53,10)r}$
3	0,10	id.	»	»	965	16,940	0,358	
						Moyenne.	0,356	
4	0,10	Huile.	27,2	0,142	447,25	0,924	0,065	
5	0,10	id.	27,2	0,142	447,25	0,955	0,066	
6	0,10	id.	25,0	0,131	447,25	0,955	0,066	
7	0,10	id.	22,2	0,116	447,25	0,955	0,066	$f = \dfrac{FL + 0,711}{(0,96Q + 35,00)r}$
8	0,10	id.	20,6	0,108	447,25	0,955	0,066	
9	0,10	id.	12,5	0,065	447,25	1,232	0,077	L'enduit se renouvelle à la manière ordinaire.
10	0,10	id.	12,5	0,065	447,25	1,109	0,072	
11	0,10	id.	12,5	0,065	447,25	1,109	0,072	
12	0,10	id.	27,2	0,142	447,25	0,955	0,066	
13	0,10	id.	27,2	0,142	447,25	0,847	0,061	
						Moyenne.	0,068	
14	0,10	Huile.	17,6	0,092	980	4,466	0,107	
15	0,10	id.	17,6	0,092	980	4,158	0,101	$f = \dfrac{FL + 0,866}{(0,96Q + 53,10)r}$
16	0,10	id.	14,5	0,075	980	4,312	0,104	
17	0,10	id.	14,6	0,077	980	4,004	0,097	L'enduit n'est pas renouvelé depuis quelque temps; les surfaces paraissent plus que onctueuses.
18	0,10	id.	7,2	0,038	980	5,698	0,132	
19	0,10	id.	6,9	0,036	980	5,698	0,132	
20	0,10	id.	15,0	0,078	980	3,388	0,143	
						Moyenne.	0,117	
21	0,10	Huile.	27,2	,0,142	1032	2,218	0,064	
22	0,10	id.	29,0	0,149	1032	2,464	0,069	
23	0,10	id.	25,0	0,131	1032	1,848	0,058	$f = \dfrac{FL + 1,341}{(0,96Q + 108,77)r}$
24	0,10	id.	25,0	0,131	1032	1,725	0,054	
25	0,10	id.	22,2	0,116	1032	1,910	0,059	L'enduit est renouvelé.
26	0,10	id.	22,2	0,116	1032	2,156	0,063	
27	0,10	id.	11,5	0,060	1032	3,696	0,074	
						Moyenne.	0,063	

Suite du TABLEAU N° V.

EXPÉRIENCES SUR LE FROTTEMENT DES TOURILLONS DE FONTE, EN MOUVEMENT SUR DES COUSSINETS DE BRONZE.

N^{os} des expériences.	DIAMÈTRE des tourillons. $2r$	NATURE de l'enduit.	NOMBRE de tours de l'arbre en 1'.	VITESSE de la circonférence des tourillons en 1''.	POIDS de l'arbre et de sa charge. Q	MOMENT de la tension du ressort. FL	RAPPORT du frottement à la pression.	FORMULES EMPLOYÉES et observations.
28	0,054	Saindoux.	29,0	0,149	447,25	1,155	0,074*	
29	0,054	id.	27,2	0,142	447,25	0,924	0,065*	
30	0,054	id.	20,0	0,104	447,25	0,616	0,053**	
31	0,054	id.	18,7	0,098	447,25	0,616	0,053**	
32	0,054	id.	11,2	0,059	447,25	1,232	0,077	
33	0,054	id.	10,0	0,052	447,25	1,386	0,082	
34	0,054	id.	18,7	0,098	447,25	1,386	0,082	
35	0,054	id.	19,2	0,101	447,25	1,309	0,079	
36	0,054	id.	24,0	0,125	447,25	1,016	0,068	
37	0,054	id.	26,0	0,136	447,25	1,016	0,068	
38	0,054	id.	29,0	0,149	447,25	1,078	0,070	
39	0,054	id.	27,2	0,142	447,25	1,386	0,082	
						Moyenne.	0,071	
40	0,054	Saindoux.	19,2	0,101	1032	2,649	0,072	
41	0,054	id.	18,0	0,095	1032	3,265	0,083	
42	0,054	id.	9,6	0,050	1032	3,265	0,083	
43	0,054	id.	25,0	0,131	1032	2,772	0,074	
44	0,054	id.	24,0	0,125	1032	2,772	0,074	
45	0,054	id.	23,0	0,121	1032	2,618	0,071	
46	0,054	id.	18,7	0,098	1032	2,156	0,063	
47	0,054	id.	16,6	0,087	1032	2,772	0,074	
						Moyenne.	0,074	
48	0,10	Saindoux.	29,0	0,149	1884	5,236	0,066	
49	0,10	id.	29,0	0,149	1884	5,852	0,072	
50	0,10	id.	29,0	0,149	1884	5,852	0,072	
51	0,10	id.	29,0	0,149	1884	8,008	0,093	
52	0,10	id.	29,0	0,149	1884	6,776	0,081	
						Moyenne.	0,072	

Formules employées pour les expériences 28 à 39 :

$$f = \frac{FL + 0,711}{(0,96Q + 35,00)r}$$

* Les surfaces s'alimentent de saindoux à la manière ordinaire.

** Le saindoux est répandu de nouveau à la surface des tourillons.

Les surfaces s'alimentent de saindoux à la manière ordinaire.

Formule pour les expériences 40 à 47 :

$$f = \frac{FL + 1,341}{(0,96Q + 108,77)r}$$

Les surfaces s'alimentent de saindoux à la manière ordinaire.

Formule pour les expériences 48 à 52 :

$$f = \frac{FL + 1,341}{(0,96Q + 108,77)r}$$

On a laissé marcher l'arbre sans renouveler le saindoux.

Suite du TABLEAU N° V.

EXPÉRIENCES SUR LE FROTTEMENT DES TOURILLONS DE FONTE, EN MOUVEMENT SUR DES COUSSINETS DE BRONZE.

N^os des expéri-ences.	DIAMÈTRE des tourillons. 2r	NATURE de l'enduit.	NOMBRE de tours de l'arbre en 1'.	VITESSE de la circonférence des tourillons en 1".	POIDS de l'arbre et de sa charge. Q	MOMENT de la tension du ressort. FL	RAPPORT du frottement à la pression.	FORMULES EMPLOYÉES et observations.
53	0,10	Saindoux mêlé d'huile.	24,0	0,125	1032 ^{k}	4,928	0,105	
54	0,10	id.	25,0	0,131	1032	4,620	0,099	
55	0,10	id.	23,0	0,121	1032	4,620	0,099	
56	0,10	id.	14,6	0,077	1032	4,312	0,094	
57	0,10	id.	14,5	0,075	1032	5,238	0,111	$f = \dfrac{FL + 0{,}711}{(0{,}96Q + 35{,}00)r}$
58	0,10	id.	16,6	0,087	1032	5,238	0,111	
59	0,10	id.	»	»	1032	4,466	0,106	L'enduit n'a pas été renouvelé.
60	0,10	id.	13,6	0,071	1032	4,466	0,106	
61	0,10	id.	10,9	0,057	1032	4,466	0,106	
62	0,10	id.	10,9	0,057	1032	5,082	0,116	
63	0,10	id.	»	»	1032	5,082	0,116	
						Moyenne.	0,106	
64	0,054	Saindoux.	19,2	0,101	1016,5	1,694	0,084	
65	0,054	id.	19,2	0,101	1016,5	1,448	0,076	$f = \dfrac{FL + 0{,}711}{(0{,}96Q + 35{,}00)r}$
66	0,054	id.	26,0	0,136	1016,5	1,448	0,076	
67	0,054	id.	26,0	0,136	1016,5	1,386	0,074	
68	0,054	id.	19,2	0,101	1016,5	1,417	0,075	Le tourillon s'est alimenté d'enduit à la manière ordinaire.
69	0,054	id.	11,1	0,058	1016,5	1,417	0,075	
70	0,054	id.	11,1	0,058	1016,5	2,094	0,099	
						Moyenne.	0,080	
71	0,10	Suif.	26,0	0,136	447,25	0,616	0,053	
72	0,10	id.	26,0	0,136	447,25	0,616	0,053	
73	0,10	id.	19,2	0,101	447,25	0,585	0,051	
74	0,10	id.	18,7	0,098	447,25	0,539	0,050	
75	0,10	id.	18,7	0,098	447,25	0,539	0,050	
76	0,10	id.	13,6	0,071	447,25	0,539	0,050	$f = \dfrac{FL + 0{,}711}{(0{,}96Q + 35{,}00)r}$
77	0,10	id.	13,6	0,071	447,25	0,616	0,053	
78	0,10	id.	9,3	0,049	447,25	0,616	0,053	Les surfaces sont continuellement alimentées de suif.
79	0,10	id.	9,0	0,047	447,25	0,647	0,054	
80	0,10	id.	26,0	0,136	447,25	0,924	0,064	
81	0,10	id.	26,0	0,136	447,25	0,708	0,056	
82	0,10	id.	24,0	0,125	447,25	0,801	0,060	
83	0,10	id.	13,9	0,073	447,25	0,616	0,053	
84	0,10	id.	13,6	0,071	447,25	0,708	0,056	
						Moyenne.	0,054	

Suite du TABLEAU N° V.

EXPÉRIENCES SUR LE FROTTEMENT DES TOURILLONS DE FONTE, EN MOUVEMENT SUR DES COUSSINETS DE BRONZE.

N°ˢ des expéri-ences.	DIAMÈTRE des tourillons. $2r$	NATURE de l'enduit.	NOMBRE de tours de l'arbre en 1'.	VITESSE de la circonférence des tourillons en 1".	POIDS de l'arbre et de sa charge. Q	MOMENT de la tension du ressort. FL	RAPPORT du frottement à la pression.	FORMULES EMPLOYÉES et observations.
85	0,10	Suif.	11,7	0,061	980	3,758	0,093	
86	0,10	id.	12,2	0,064	980	3,234	0,082	
87	0,10	id.	16,4	0,085	980	3,080	0,079	$f = \dfrac{FL + 0,866}{(0,96Q + 53,10)r}$
88	0,10	id.	16,4	0,085	980	3,080	0,079	
89	0,10	id.	18,0	0,095	980	2,926	0,076	
90	0,10	id.	17,6	0,092	980	2,680	0,071	Les tourillons s'alimentent de suif à la manière ordinaire.
91	0,10	id.	18,7	0,098	980	2,926	0,076	
92	0,10	id.	12,2	0,064	980	3,542	0,088	
93	0,10	id.	12,0	0,062	980	3,696	0,093	
						Moyenne.	0,082	
94	0,10	Suif.	17,6	0,092	1032	2,618	0,071*	$f = \dfrac{FL + 1,34t}{(0,96Q + 108,77)r}$
95	0,10	id.	17,6	0,092	1032	2,618	0,071*	* Le tourillon s'alimentait de suif à la manière ordinaire.
96	0,10	id.	22,2	0,116	1032	1,848	0,058**	** L'enduit est renouvelé.
97	0,10	id.	21,5	0,112	1032	2,187	0,064**	
98	0,10	id.	27,2	0,142	1032	2,526	0,070	Les tourillons s'alimentent de suif à la manière ordinaire.
99	0,10	id.	27,2	0,142	1032	2,864	0,076	
100	0,10	id.	22,2	0,116	1032	1,417	0,050	L'enduit est continuellement renouvelé.
101	0,10	id.	22,2	0,116	1032	1,848	0,058	
						Moyenne.	0,065	
102	0,10	Suif.	27,2	0,142	1884	4,158	0,057	
103	0,10	id.	27,2	0,142	1884	4,158	0,057	$f = \dfrac{FL + 1,341}{(0,96Q + 108,77)r}$
104	0,10	id.	27,2	0,142	1884	4,158	0,057	
105	0,10	id.	27,2	0,142	1884	3,388	0,049	
106	0,10	id.	26,0	0,136	1884	4,158	0,057	L'enduit est continuellement renouvelé.
107	0,10	id.	18,0	0,095	1884	3,172	0,047	
108	0,10	id.	6,2	0,032	1884	3,850	0,054	
						Moyenne.	0,054	

EXPÉRIENCES SUR LE FROTTEMENT DES TOURILLONS.

Suite du TABLEAU N° V.

EXPÉRIENCES SUR LE FROTTEMENT DES TOURILLONS DE FONTE, EN MOUVEMENT SUR DES COUSSINETS DE BRONZE.

N°s des expériences.	DIAMÈTRE des tourillons. $2r$	NATURE de l'enduit.	NOMBRE de tours de l'arbre en 1'.	VITESSE de la circonférence des tourillons en 1".	POIDS de l'arbre et de sa charge. Q	MOMENT de la tension du ressort. FL	RAPPORT du frottement à la pression.	FORMULES EMPLOYÉES et observations.
109	0,054	Suif.	27,2	0,142	1016,5	1,435	0,075*	$f = \dfrac{FL + 0,711}{(0,96Q + 35,00)\,r}$
110	0,054	*id.*	24,0	0,125	1016,5	1,324	0,072*	
111	0,054	*id.*	20,0	0,104	1016,5	1,324	0,072*	* Le tourillon s'alimentait d'huile
112	0,054	*id.*	19,2	0,101	1016,5	0,924	0,058	à la manière ordinaire.
113	0,054	*id.*	11,5	0,060	1016,5	1,078	0,063	
114	0,054	*id.*	10,7	0,056	1016,5	1,078	0,063	
115	0,054	*id.*	25,0	0,131	1916,5	1,078	0,063	
116	0,054	*id.*	27,2	0,142	1016,5	1,232	0,069	
117	0,054	*id.*	18,0	0,095	1016,5	1,294	0,071	
						Moyenne.	0,067	
118	0,10	Asphalte.	13,0	0,068	965	1,540	0,048	
119	0,10	*id.*	13,3	0,070	965	0,955	0,037	$f = \dfrac{FL + 0,866}{(0,96Q + 53,10)\,r}$
120	0,10	*id.*	18,0	0,095	965	0,955	0,037	
121	0,10	*id.*	18,7	0,098	965	1,078	0,039	L'enduit est mou.
122	0,10	*id.*	8,8	0,046	965	1,386	0,047	
123	0,10	*id.*	8,5	0,045	965	1,386	0,047	
						Moyenne.	0,042	
124	0,054	Asphalte.	10,7	0,056	965	0,462	0,042	
125	0,054	*id.*	11,1	0,058	965	0,462	0,042	
126	0,054	*id.*	21,5	0,112	965	0,616	0,047	
127	0,054	*id.*	21,5	0,112	965	0,819	0,054	$f = \dfrac{FL + 1,711}{(0,96Q + 35,00)\,r}$
128	0,054	*id.*	27,2	0,142	965	0,924	0,058	
126	0,054	*id.*	29,0	0,149	965	0,862	0,056	L'enduit est mou.
130	0,054	*id.*	26,0	0,136	965	0,924	0,058	
131	0,054	*id.*	17,1	0,089	965	0,819	0,054	
132	0,054	*id.*	17,1	0,089	965	0,862	0,056	
133	0,054	*id.*	11,1	0,058	965	0,616	0,047	
						Moyenne.	0,051	

Suite du TABLEAU N° V.

EXPÉRIENCES SUR LE FROTTEMENT DES TOURILLONS DE FONTE, EN MOUVEMENT SUR DES COUSSINETS DE BRONZE.

N.ᵒˢ des expéri- ences.	DIAMÈTRE des tourillons. $2r$	NATURE de l'enduit.	NOMBRE de tours de l'arbre en 1'.	VITESSE de la circonférence des tourillons en 1''.	POIDS de l'arbre et de sa charge. Q	MOMENT de la tension du ressort. FL	RAPPORT du frottement à la pression.	FORMULES EMPLOYÉES et observations.
134	0,054	Cambouis.	27,2	0,142	965	1,109	0,064	
135	0,054	id.	27,2	0,142	965	1,232	0,068	
136	0,054	id.	17,1	0,089	965	1,109	0,064	
137	0,054	id.	16,6	0,087	965	1,109	0,064	$f = \dfrac{FL + 0,711}{(0,96Q + 35,00)r}$
138	0,054	id.	11,7	0,061	965	1,109	0,064	
139	0,054	id.	13,0	0,068	965	1,109	0,064	
140	0,054	id	16,4	0,085	965	1,232	0,068	Le cambouis est mou.
141	0,054	id.	23,0	0,121	965	1,232	0,068	
142	0,054	id.	11,1	0,058	965	1,140	0,065	
143	0,054	id.	10,7	0,056	965	1,078	0,063	
						Moyenne.	0,065	
144	0,10	Surfaces onctueuses.	29,0	0,149	447,25	2,618	0,130	
145	0,10	id.	29,0	0,149	447,25	4,004	0,184	
146	0,10	id.	26,0	0,136	447,25	2,772	0,136	
147	0,10	id.	23,0	0,121	447,25	4,004	0,184	
148	0,10	id.	23,0	0,121	447,25	4,004	0,184	$f = \dfrac{FL + 0,711}{(0,96Q + 35,00)r}$
149	0,10	id.	15,0	0,078	447,25	3,850	0,170	
150	0,10	id.	15,0	0,078	447,25	3,696	0,172	
151	0,10	id.	11,1	0,058	447,25	3,388	0,164	
152	0,10	id.	9,8	0,051	447,25	3,388	0,164	
153	0,10	id.	17,6	0,092	447,25	3,388	0,164	
						Moyenne.	0,165	
154	0,10	Surfaces onctueuses.	25,0	0,131	1032	6,160	0,137	
155	0,10	id.	26,0	0,136	1032	7,392	0,159	$f = \dfrac{FL + 1,341}{(0,96Q + 108,77)r}$
156	0,10	id.	20,0	0,104	1032	8,316	0,175	
157	0,10	id.	18,7	0,098	1032	9,856	0,203	
						Moyenne.	0,168	
158	0,10	Surfaces onctueuses.	29,0	0,149	1884	1,263	0,139	
159	0,10	id.	22,2	0,116	1884	1,324	0,146	$f = \dfrac{FL + 1,341}{(0,96Q + 108,77)r}$
160	0,10	id.	18,7	0,098	1884	1,263	0,139	
161	0,10	id.	18,7	0,098	1884	1,263	0,139	

Suite du TABLEAU N° V.

EXPÉRIENCES SUR LE FROTTEMENT DES TOURILLONS DE FONTE, EN MOUVEMENT SUR DES COUSSINETS DE BRONZE.

N.os des expéri- ences.	DIAMÈTRE des tourillons. $2r$	NATURE de l'enduit.	NOMBRE de tours de l'arbre en 1'.	VITESSE de la circonférence des tourillons en 1".	POIDS de l'arbre et de sa charge. Q	MOMENT de la tension du ressort. FL	RAPPORT du frottement à la pression.	FORMULES EMPLOYÉES et observations.
162	0,10	Surfaces onctueuses.	13,6	0,071	1884	1,232	0,136	
163	0,10	id.	13,6	0,071	1884	1,232	0,136	$f = \dfrac{FL + 1,341}{(0,96Q + 108,77)r}$
164	0,10	id.	13,6	0,071	1884	1,232	0,136	
165	0,10	id.	29,0	0,149	1884	1,232	0,136	
						Moyenne.	0,138	
166	0,054	Surfaces onctueuses.	5,2	0,027	965	3,788	0,181	
167	0,054	id.	4,1	0,021	965	4,312	0,200	$f = \dfrac{FL + 1,220}{(0,96Q + 94,63)r}$
168	0,054	id.	9,0	0,047	965	4,312	0,200	
169	0,054	id.	8,9	0,047	965	4,312	0,200	Le tourillon se colore de bronze, et le coussinet commence à se roder.
170	0,054	id.	10,3	0,054	965	4,312	0,200	
171	0,054	id.	10,5	0,055	965	3,881	0,184	
						Moyenne	0,194	
172	0,054	Eau	10,3	0,054	965	3,234	0,161	
173	0,054	et	10,0.	0,052	965	3,234	0,161	$f = \dfrac{FL + 1,220}{(0,96Q + 94,63)r}$
174	0,054	surfaces	5,4	0,023	965	3,234	0,161	
175	0,054	onctueuses	5,4	0,023	965	3,234	0,161	
						Moyenne.	0,161	
176	0,10		6,8	0,035	980	3,172	0,081	
177	0,10	Surfaces	11,7	0,061	980	3,696	0,093	
178	0,10	onctueuses	11,5	0,060	980	3,696	0,093	$f = \dfrac{FL + 0,866}{(0,96Q + 53,10)r}$
179	0,10	d'asphalte.	15,4	0,080	980	3,696	0,093	
180	0,10		17,6	0,092	980	3,881	0,095	
						Moyenne.	0,091	
181	0,10	Eau et surfaces onctueuses d'asphalte.	18,0	0,095	980	3,296	0,083	
182	0,10		18,0	0,095	980	3,296	0,083	$f = \dfrac{FL + 0,866}{(0,96Q + 53,10)r}$
183	0,10		13,6	0,071	980	3,696	0,093	
						Moyenne.	0,086	
184	0,10	Néant.	10,0	0,052	980	8,008	0,178	
185	0,10	id.	9,0	0,047	980	8,008	0,178	
186	0,10	id.	12,5	0,065	980	8,008	0,178	$f = \dfrac{FL + 0,866}{(0,96Q + 53,10)r}$
187	0,10	id.	12,7	0,067	980	10,472	0,228	
188	0,10	id.	»	»	980	8,316	0,184	
						Moyenne.	0,189	

34. OBSERVATIONS SUR LES RÉSULTATS CONTENUS DANS LE TABLEAU PRÉCÉDENT. Toutes les observations faites sur les résultats du tableau n° IV s'appliquent à ceux du tableau précédent, et en comparant les valeurs obtenues pour le rapport du frottement à la pression avec l'état et le mode d'alimentation des surfaces, on voit qu'avec l'huile, le saindoux, ou le suif, il a pour valeur moyenne quand les surfaces sont :

Continuellement alimentées d'enduit   0,054

Alimentées à la manière ordinaire   0,070 à 0,080

L'emploi de l'asphalte paraît encore être dans le cas actuel assez avantageux ; ce qui provient sans doute de ce que cet enduit gluant s'attache fortement aux surfaces et n'est expulsé par la pression qu'après un temps assez long ; sa viscosité lui permettant d'ailleurs de se répandre assez lentement, il conviendrait dans tous les cas où l'on pourrait avoir le soin d'enlever l'enduit durci par l'usage.

Le cambouis, tant qu'il n'est pas parvenu à un trop grand état de dureté, paraît être un enduit assez convenable, parce qu'étant difficilement expulsé et adhérant fortement aux surfaces, il les maintient dans un état d'onctuosité plus régulier et plus constant que les matières trop molles. La valeur à peu près constante que l'on trouve, dans ce cas, pour le rapport du frottement à la pression est sensiblement la même que la valeur moyenne de toutes les expériences faites avec le suif, le saindoux et l'huile.

Lorsque, l'enduit étant enlevé, les surfaces ont été essuyées et ramenées à l'état onctueux, le frottement augmente beaucoup, mais son rapport à la pression varie avec le degré d'onctuosité que ces surfaces ont conservé et est compris entre 0,140 et 0,170 environ. Sa valeur moyenne est de 0,155. On remarque d'ailleurs que dans cet état les coussinets commencent déjà à se roder légèrement et que la surface des tourillons se colore de cuivre. A mesure que cet effet augmente la résistance s'accroît et quand la surface du tourillon est tout à fait rougie par la présence du cuivre, quoique sans poussière palpable, le rapport du frottement à la pression s'élève jusqu'à 0,200 environ.

Un filet d'eau dirigé dans cet état sur les tourillons empêche l'échauffement, arrête les progrès du rodage et maintient le rapport d'une manière à peu près invariable à sa valeur moyenne. Ce cas se présente dans beaucoup de machines et notamment pour les coussinets des roues hydrauliques.

Lorsque les surfaces sont onctueuses d'asphalte, soit sèches, soit mouillées d'eau, le rapport du frottement à la pression s'éloigne peu de 0,09.

Les expériences faites sur le cas où il n'y avait pas d'enduit ont donné pour la valeur moyenne du rapport du frottement à la pression 0,189, valeur qui a été atteinte dans certains cas où les surfaces avaient été regardées comme onctueuses. Cela tient à ce que les surfaces ayant été long-temps et à diverses reprises imprégnées de graisse, on ne pouvait guère parvenir à les en priver tout à fait, quelque soin que l'on mît à les essuyer, et qu'au lieu d'être tout à fait sans enduit elles étaient réellement un peu onctueuses.

TABLEAU N° VI.

35. EXPÉRIENCES SUR LE FROTTEMENT DES TOURILLONS EN FONTE, EN MOUVEM'T SUR DES COUSSINETS DE GAYAC.

N° des expériences.	DIAMÈTRE des tourillons. $2r$	NATURE de l'enduit.	NOMBRE de tours de l'arbre en 1'.	VITESSE de la circonférence des tourillons en 1".	POIDS de l'arbre et de sa charge. Q	MOMENT de la tension du ressort. FL	RAPPORT du frottement à la pression.	FORMULES EMPLOYÉES et observations.
1	0,10	Néant.	12,0	0,062	980	7,700	0,172	
2	0,10	id.	»	»	980	8,624	0,199	$f = \dfrac{FL + 0,866}{(0,96Q + 53,10)r}$
						Moyenne.	0,185	
3	0,10	Huile	11,5	0,060	980	4,004	0,102	
4	0,10	id.	11,2	0,059	980	3,758	0,096	
5	0,10	id.	18,2	0,095	980	3,450	0,090	$f = \dfrac{FL + 1,220}{(0,96Q + 94,63)r}$
6	0,10	id.	18,0	0,095	980	3,388	0,089	L'enduit était renouvelé souvent.
7	0,10	id.	19,2	0,101	980	3,388	0,089	
8	0,10	id.	15,0	0,078	980	3,388	0,089	
9	0,10	id.	15,0	0,078	980	3,542	0,091	
						Moyenne.	0,092	
10	0,10	Suif.	8,9	0,047	980	3,573	0,092	
11	0,10	id.	16,4	0,085	980	3,850	0,097	
12	0,10	id.	17,6	0,092	980	3,234	0,085	
13	0,10	id.	18,7	0,098	980	3,696	0,094	$f = \dfrac{FL + 1,220}{(0,96Q + 94,63)r}$
14	0,10	id.	16,4	0,085	980	3,450	0,090	
15	0,10	id.	7,3	0,038	980	3,542	0,091	
16	0,10	id.	7,5	0,039	980	3,696	0,094	
						Moyenne.	0,092	
17	0,10	Saindoux et plombagine.	17,1	0,089	980	4,066	0,101	
18	0,10	id.	17,1	0,089	980	4,158	0,103	$f = \dfrac{FL + 1,220}{(0,96Q + 94,63)r}$
19	0,10	id.	7,7	0,041	980	4,928	0,118	Les surfaces sont très-onctueuses.
20	0,10	id.	7,7	0,041	980	4,805	0,116	
						Moyenne.	0,109	
21	0,10	Surfaces onctueuses après huile.	13,9	0,073	980	4,066	0,101	
22	0,10		13,9	0,073	980	4,497	0,110	
23	0,10		18,0	0,095	980	3,696	0,094	$f = \dfrac{FL + 1,220}{(0,96Q + 94,63)r}$
24	0,10		18,0	0,095	980	4,066	0,101	
25	0,10		9,6	0,050	980	3,758	0,096	
						Moyenne.	0,100	
26	0,10	Surfaces onctueuses après saindoux et plombag'e	17,1	0,089	980	6,776	0,154	
27	0,10		17,6	0,092	980	7,084	0,163	
28	0,10		12,7	0,067	980	6,160	0,142	$f = \dfrac{FL + 1,220}{(0,96Q + 94,63)r}$
29	0,10		13,3	0,070	980	5,698	0,133	
30	0,10		10,7	0,056	980	5,698	0,133	
31	0,10		10,9	0,057	980	5,698	0,133	
						Moyenne.	0,143	

11.

36. OBSERVATIONS SUR LES RÉSULTATS CONTENUS DANS LE TABLEAU PRÉCÉDENT. Les résultats consignés dans le tableau précédent montrent que l'emploi des coussinets de bois dur n'est pas aussi avantageux qu'on le croyait, d'après les résultats des expériences de Coulomb, et qu'avec les enduits d'huile ou de saindoux, le rapport du frottement à la pression s'élève moyennement à 0,092. Il y a lieu de penser que cette augmentation de la résistance est due à la compressibilité du bois qui facilite l'expulsion de l'enduit. On a remarqué, en effet, plusieurs fois en enlevant l'arbre que les coussinets n'étaient qu'onctueux.

Lorsque les surfaces sont ramenées à l'état onctueux, le même rapport a encore une valeur à peu près égale à celle que l'on a trouvée pour les coussinets de fonte ou de bronze; mais comme le bois par sa porosité conserve plus long-temps son onctuosité que les métaux, et que d'ailleurs il n'occasionne pas d'altération notable de l'état des surfaces, il peut être avantageux d'employer des coussinets en gayac ou autres bois durs, toutes les fois que, par la nature de la machine, on pourra craindre que les surfaces ne soient pas convenablement graissées. Ce qui est particulièrement le cas des machines de guerre, telles que chèvres, treuils, pompes, ponts-levis, etc.

TABLEAU N° VII.

37. EXPÉRIENCES SUR LE FROTTEMENT DES TOURILLONS EN FER, EN MOUVEMENT SUR DES COUSSINETS EN FONTE.

N°s des expériences.	DIAMÈTRE des tourillons. $2r$	NATURE de l'enduit.	NOMBRE de tours de l'arbre en 1'.	VITESSE de la circonférence des tourillons en 1".	POIDS de l'arbre et de sa charge.	MOMENT de la tension du ressort. FL	RAPPORT du frottement à la pression.	FORMULES EMPLOYÉES et observations.
1	0,10	Huile.	18,0	0,095	983^k	4,312	0,106	
2	0,10	id.	18,0	0,095	983	3,696	0,094	$f = \dfrac{FL + 1,220}{(0,96Q + 94,63)r}$
3	0,10	id.	15,8	0,082	983	4,004	0,100	
4	0,10	id.	15,8	0,082	983	4,004	0,100	L'enduit n'a pas été renouvelé.
5	0,10	id.	11,1	0,058	983	4,158	0,105	
6	0,10	id.	10,9	0,057	983	4,158	0,105	
						Moyenne.	0,102	
7	0,10	Suif.	19,2	0,101	983	3,080	0,082	
8	0,10	id.	19,2	0,101	983	2,402	0,069	
9	0,10	id.	16,4	0,085	983	2,464	0,070	$f = \dfrac{FL + 1,220}{(0,96Q + 94,63)r}$
10	0,10	id.	15,4	0,080	983	2,218	0,066	
11	0,10	id.	10,9	0,057	983	2,587	0,073	Les surfaces s'alimentent de suif à la manière ordinaire.
12	0,10	id.	10,9	0,057	983	2,772	0,077	
13	0,10	id.	5,0	0,026	983	3,811	0,096	
						Moyenne.	0,076	
14	0,10	Saindoux.	19,2	0,101	983	2,156	0,064	
15	0,10	id.	19,2	0,101	983	1,540	0,053	
16	0,10	id.	19,2	0,101	983	1,540	0,053	$f = \dfrac{FL + 1,220}{(0,96Q + 94,63)r}$
17	0,10	id.	23,0	0,121	983	1,540	0,053	
18	0,10	id.	23,0	0,121	983	1,540	0,053	L'enduit a été renouvelé à chaque expérience.
19	0,10	id.	20,6	0,108	983	1,694	0,056	
						Moyenne.	0,055	

EXPÉRIENCES SUR LE FROTTEMENT DES TOURILLONS.

TABLEAU N° VIII.

38. EXPÉRIENCES SUR LE FROTTEMENT DES TOURILLONS EN FER, EN MOUVEMENT SUR DES COUSSINETS EN GAYAC.

Nos des expériences.	DIAMÈTRE des tourillons, $2r$	NATURE de l'enduit.	NOMBRE de tours de l'arbre en 1'.	VITESSE de la circonférence des tourillons en 1".	POIDS de l'arbre et de sa charge. Q	MOMENT de la tension du ressort. FL	RAPPORT du frottement à la pression.	FORMULES EMPLOYÉES et observations.
1	0,10	Huile.	10,7	0,056	k 983	4,928	0,116	
2	0,10	id.	16,6	0,087	983	4,928	0,116	
3	0,10	id.	16,6	0,087	983	4,926	0,116	$f = \dfrac{FL + 1,220}{(0,96Q + 94,63)r}$
4	0,10	id.	22,2	0,116	983	5,830	0,112	
5	0,10	id.	21,5	0,112	983	5,830	0,112	
						Moyenne.	0,114	
6	0,10	Saindoux.	23,0	0,121	983	6,160	0,142	
7	0,10	id.	23,0	0,121	983	6,622	0,151	
8	0,10	id.	20,6	0,108	983	5,852	0,136	
9	0,10	id.	20,6	0,108	983	5,852	0,136	$f = \dfrac{FL + 1,220}{(0,96Q + 94,63)r}$
10	0,10	id.	15,4	0,080	983	5,852	0,136	
11	0,10	id.	15,4	0,080	983	5,698	0,133	
12	0,10	id.	10,7	0,056	983	5,236	0,124	
13	0,10	id.	10,7	0,056	983	5,236	0,124	
						Moyenne.	0,135	
14	0,10	Surfaces onctueuses.	20,0	0,104	983	8,932	0,195	
15	0,10	id.	20,0	0,104	983	8,932	0,195	$f = \dfrac{FL + 1,220}{(0,96Q + 94,63)r}$
16	0,10	id.	13,3	0,070	983	8,316	0,183	
17	0,10	id.	13,3	0,070	983	8,162	0,180	
						Moyenne.	0,188	

Observations des tableaux n°s VII et VIII.

39. OBSERVATIONS SUR LES RÉSULTATS CONTENUS DANS LE TABLEAU N° VII. Les résultats contenus dans le tableau ci-dessus étant encore à très-peu près conformes à ceux des précédens, on peut encore admettre que le rapport du frottement à la pression, pour des tourillons en fer en mouvement sur des coussinets en fonte avec enduit d'huile, de saindoux ou de suif, a pour valeur, quand les surfaces sont :

Continuellement alimentées d'enduit   0,054

Alimentées à la manière ordinaire   0,070 à 0,080

40. OBSERVATIONS SUR LES RÉSULTATS CONTENUS DANS LE TABLEAU N° VIII. Le tableau précédent montre qu'il n'y a pas d'avantage à employer les coussinets en bois de gayac pour des tourillons en fer, puisque dans tous les cas le frottement est plus grand qu'avec des coussinets en fonte ou en bronze.

On remarquera d'ailleurs que les valeurs trouvées pour le rapport du frottement à la pression dans le cas actuel diffèrent beaucoup de celle que Coulomb avait obtenue et qui n'était que de 0,05 avec du suif.

TABLEAU N° IX.

41. EXPÉRIENCES SUR LE FROTTEMENT DES TOURILLONS DE FER, EN MOUVEMENT SUR DES COUSSINETS DE BRONZE.

N° des expériences.	DIAMÈTRE des tourillons. $2r$	NATURE de l'enduit.	NOMBRE de tours de l'arbre en 1'.	VITESSE de la circonférence des tourillons en 1".	POIDS de l'arbre et de sa charge. Q	MOMENT de la tension du ressort. FL	RAPPORT du frottement à la pression.	FORMULES EMPLOYÉES et observations.
1	0,10	Huile.	20,6	0,108	449,75	2,310	0,118	
2	0,10	id.	20,6	0,108	449,75	2,464	0,124	
3	0,10	id.	27,2	0,142	449,75	2,618	0,128	$f = \dfrac{FL + 0,711}{(0,96Q + 35,00)r}$
4	0,10	id.	27,2	0,142	449,75	2,618	0,128	
5	0,10	id.	27,2	0,142	449,75	2,464	0,124	L'huile n'a pas été renouvelée
6	0,10	id.	14,5	0,075	449,75	2,772	0,134	pendant toute cette série.
7	0,10	id.	17,6	0,092	449,75	2,618	0,128	
8	0,10	id.	17,6	0,092	449,75	5,852	0,136	
9	0,10	id.	19,2	0,101	449,75	5,698	0,133	
						Moyenne.	0,127	
10	0,10	Saindoux.	23,0	0,121	449,75	0,924	0,062	
11	0,10	id.	23,0	0,121	449,75	0,770	0,057	
12	0,10	id.	30,0	0,157	449,75	1,078	0,068	
13	0,10	id.	27,2	0,142	449,75	0,693	0,053	$f = \dfrac{FL + 0,711}{(0,96Q + 35,00)r}$
14	0,10	id.	13,9	0,073	449,75	1,078	0,068	
15	0,10	id.	13,9	0,073	449,75	0,847	0,059	Le saindoux a été renouvelé.
16	0,10	id.	9,6	0,050	449,75	1,078	0,068	
17	0,10	id.	27,2	0,142	449,75	1,232	0,074	
18	0,10	id.	27,2	0,142	449,75	1,109	0,069	
19	0,10	id.	27,2	0,142	449,75	1,232	0,074	
						Moyenne.	0,065	
20	0,10	Saindoux.	12,5	0,065	983	3,388	0,088	
21	0,10	id.	18,0	0,095	983	3,388	0,088	
22	0,10	id.	17,6	0,092	983	3,388	0,088	$f = \dfrac{FL + 1,220}{(0,96Q + 94,63)r}$
23	0,10	id.	20,6	0,108	983	3,080	0,082	
24	0,10	id.	20,6	0,108	983	3,388	0,088	Le saindoux n'a pas été renouvelé.
25	0,10	id.	7,8	0,041	983	5,390	0,120	
26	0,10	id.	8,2	0,042	983	4,008	0,100	
						Moyenne.	0,093	
27	0,10	Saindoux et plombagine.	7,9	0,041	983	4,008	0,100	
28	0,10	id.	8,2	0,042	983	4,008	0,100	
29	0,10	id.	16,4	0,085	983	4,158	0,103	$f = \dfrac{FL + 1,220}{(0,96Q + 94,63)r}$
30	0,10	id.	15,8	0,082	983	4,928	0,118	
31	0,10	id.	18,7	0,098	983	5,236	0,124	L'enduit n'a pas été renouvelé.
32	0,10	id.	18,0	0,095	983	5,236	0,124	
33	0,10	id.	19,2	0,101	983	4,466	0,109	
						Moyenne.	0,111	

Suite du TABLEAU N° IX.

EXPÉRIENCES SUR LE FROTTEMENT DES TOURILLONS DE FER, EN MOUVEMENT SUR DES COUSSINETS DE BRONZE.

N.os des expéri-ences.	DIAMÈTRE des tourillons. $2r$	NATURE de l'enduit.	NOMBRE de tours de l'arbre en 1'.	VITESSE de la circonférence des tourillons en 1".	POIDS de l'arbre et de sa charge. Q	MOMENT de la tension du ressort. FL	RAPPORT du frottement à la pression.	FORMULES EMPLOYÉES et observations.
34	0,10	Suif.	20,0	0,104	$\overset{k}{983}$	4,712	0,114	
35	0,10	id.	20,0	0,104	983	4,312	0,106	
36	0,10	id.	20,0	0,104	983	4,312	0,106	$f = \dfrac{FL + 1,220}{(0,96Q + 94,63)r}$
37	0,10	id.	15,8	0,082	983	4,312	0,106	
38	0,10	id.	15,8	0,082	983	4,312	0,106	L'enduit n'a pas été renouvelé.
39	0,10	id.	12,7	0,067	983	4,928	0,118	
40	0,10	id.	13,0	0,068	983	4,928	0,118	
41	0,10	id.	9,0	0,047	983	4,928	0,118	
42	0,10	id.	9,0	0,047	983	4,928	0,118	
						Moyenne.	0,111	
43	0,10	Cambouis.	13,3	0,070	983	4,312	0,106	
44	0,10	id.	13,6	0,071	983	4,312	0,106	
45	0,10	id.	18,0	0,095	983	3,696	0,094	$f = \dfrac{FL + 1,220}{(0,96Q + 94,63)r}$
46	0,10	id.	18,7	0,098	983	3,080	0,082	
47	0,10	id.	20,0	0,104	983	3,080	0,082	
48	0,10	id.	9,2	0,048	983	2,772	0,077	
49	0,10	id.	10,3	0,054	983	3,080	0,082	
						Moyenne	0,090	
50	0,10	Asphalte.	9,8	0,051	983	2,772	0,077	
51	0,10	id.	10,5	0,055	983	2,464	0,071	
52	0,10	id.	16,4	0,085	983	3,542	0,091	$f = \dfrac{FL + 1,220}{(0,96Q + 94,63)r}$
53	0,10	id.	16,4	0,085	983	3,811	0,096	
54	0,10	id.	19,2	0,101	983	3,811	0,096	
55	0,10	id.	18,0	0,095	983	4,312	0,106	
						Moyenne.	0,090	
56	0,10	Surfaces onc-tueuses.	»	»	983	12,550	0,265	$f = \dfrac{FL + 1,220}{(0,96Q + 94,63)r}$
57	0,10	id.	»	»	983	11,088	0,237	
						Moyenne	0,251	
58	0,10	Eau.	17,6	0,092	983	8,624	0,189	
59	0,10	id.	17,6	0,092	983	8,624	0,189	
60	0,10	id.	15,0	0,078	983	8,624	0,189	$f = \dfrac{FL + 1,220}{(0,96Q + 94,63)r}$
61	0,10	id.	15,4	0,080	983	8,624	0,189	
62	0,10	id.	8,8	0,046	983	8,624	0,189	
63	0,10	id.	9,6	0,050	983	8,624	0,189	
						Moyenne.	0,189	

42. OBSERVATIONS SUR LES RÉSULTATS CONTENUS DANS LE TABLEAU PRÉCÉDENT. Les résultats consignés dans le tableau précédent montrent que le frottement des tourillons en fer sur des coussinets de bronze est plus grand que celui des tourillons de fonte glissant sur la fonte ou sur le bronze. Cela tient sans doute à ce que les deux corps en contact étant plus compressibles que dans les cas précédens, l'enduit est plus complètement exprimé et que leurs surfaces se rapprochent davantage de l'état onctueux.

On remarque en effet que la différence est plus grande pour l'huile, qui est l'enduit le plus fluide.

On voit néanmoins que quand l'enduit est renouvelé le rapport du frottement à la pression prend à peu près la même valeur que pour les autres métaux, et l'on peut, je pense, admettre que dans ce cas, il serait encore pour les trois enduits ordinaires égal à 0,054.

L'usage d'un enduit dur et tenace, tel que le cambouis ou l'asphalte paraîtrait, dans ce cas, assez convenable, lorsque les dispositions adoptées n'assureraient pas un renouvellement continuel.

Lorsque les surfaces sont seulement onctueuses, le frottement devient très-grand. parce que les deux corps en contact n'étant pas très-durs, ils ne tardent pas à se roder l'un sur l'autre. Dans ce cas, la présence d'un filet d'eau qui empêche l'échauffement, paraît assez avantageuse et maintient le rapport du frottement à la pression à une valeur à peu près constante et égale à 0,189.

TABLEAU N° X.

43. EXPÉRIENCES SUR LE FROTTEMENT DES TOURILLONS DE BRONZE, EN MOUVEMENT SUR DES COUSSINETS DE BRONZE.

N des expéri-ences.	DIAMÈTRE des tourillons. $2r$	NATURE de l'enduit.	NOMBRE de tours de l'arbre en 1'.	VITESSE de la circonférence des tourillons en 1".	POIDS de l'arbre et de sa charge. Q	MOMENT de la tension du ressort. FL	RAPPORT du frottement à la pression.	FORMULES EMPLOYÉES et observations.
1	0,10	Huile.	20,0	0,104	980^k	4,004	0,108	
2	0,10	id.	20,0	0,104	980	4,096	0,102	
3	0,10	id.	26,0	0,136	980	3,480	0,090	$f = \dfrac{FL + 1,220}{(0,96Q + 94,63)}$
4	0,10	id.	27,2	0,142	980	3,850	0,097	
·5	0,10	id.	15,8	0,082	980	4,404	0,108	
						Moyenne.	0,101	
6	0,10	Suif.	21,5	0,112	980	3,480	0,090	
7	0,10	id.	20,6	0,108	980	3,480	0,090	
8	0,10	id.	20,6	0,108	980	3,604	0,092	$f = \dfrac{FL + 1,220}{(0,96Q + 94,63)}$
9	0,10	id.	20,6	0,108	980	3,850	0,097	
10	0,10	id.	15,0	0,078	980	3,542	0,091	
11	0,10	id.	15,0	0,078	980	3,850	0,097	
						Moyenne.	0,093	

44. OBSERVATIONS SUR LES RÉSULTATS CONTENUS DANS LE TABLEAU PRÉCÉDENT. Les résultats consignés dans le tableau précédent, montrent que le frottement des tourillons en bronze sur des coussinets de même métal est à peu près le même que celui des tourillons de fer sur coussinets de bronze.

TABLEAU N° XI.

45. EXPÉRIENCES SUR LE FROTTEMENT DES TOURILLONS DE BRONZE, EN MOUVEMENT SUR DES COUSSINETS DE FONTE.

N°ˢ des expériences.	DIAMÈTRE des tourillons. $2r$	NATURE de l'enduit.	NOMBRE de tours de l'arbre en 1'.	VITESSE de la circonférence des tourillons en 1".	POIDS de l'arbre et de sa charge. Q	MOMENT de la tension du ressort. FL	RAPPORT du frottement à la pression.	FORMULES EMPLOYÉES et observations.
1	0,10	Huile.	24,0	0,125	983^{k}	1,232	0,047	
2	0,10	id.	24,0	0,125	983	1,848	0,059	$f=\dfrac{FL+1,220}{(0,96Q+94,63)r}$
3	0,10	id.	24,0	0,125	983	0,770	0,038	
4	0,10	id.	14,6	0,077	983	1,940	0,061	
						Moyenne.	0,052	
5	0,10	Suif.	30,0	0,157	983	1,078	0,044	
6	0,10	id.	29,0	0,149	983	1,078	0,044	
7	0,10	id.	22,2	0,116	983	1,078	0,044	
8	0,10	id.	21,5	0,112	983	1,294	0,048	$f=\dfrac{FL+1,220}{(0,96Q+94,63)r}$
9	0,10	id.	15,8	0,082	983	1,078	0,044	
10	0,10	id.	15,4	0,080	983	0,862	0,040	
11	0,10	id.	9,5	0,050	983	0,924	0,041	
12	0,10	id.	8,5	0,045	983	1,694	0,055	
						Moyenne.	0,045	

46. OBSERVATIONS SUR LES RÉSULTATS CONTENUS DANS LE TABLEAU PRÉCÉDENT. D'après les résultats contenus dans le tableau précédent, il paraîtrait que l'emploi des coussinets en fonte donnerait à peu près le même résultat pour les tourillons en bronze que pour les tourillons en fonte ; mais on voit que les résultats sont un peu variables selon que l'enduit est plus ou moins uniformément réparti.

TABLEAU N° XII.

47. EXPÉRIENCES SUR LE FROTTEMENT DES TOURILLONS DE GAYAC, EN MOUVEMENT SUR DES COUSSINETS DE FONTE.

N.ᵒˢ des expéri-ences.	DIAMÈTRE des tourillons. $2r$	NATURE de l'enduit.	NOMBRE de tours de l'arbre en 1'.	VITESSE de la circonférence des tourillons en 1".	POIDS de l'arbre et de sa charge. Q	MOMENT de la tension du ressort. FL	RAPPORT du frottement à la pression.	FORMULES EMPLOYÉES et observations.
1	0,10	Saindoux.	»	»	708,50 k	3,388	0,119	
2	0,10	id.	27,2	0,142	708,50	3,696	0,128	
3	0,10	id.	23,0	0,121	708,50	2,464	0,096	
4	0,10	id.	24,0	0,125	708,50	2,649	0,101	
5	0,10	id.	13,6	0,071	708,50	3,265	0,116	$f = \dfrac{FL + 1,341}{(0,96Q + 108,77)r}$
6	0,10	id.	13,6	0,071	708,50	3,234	0,113	
7	0,10	id.	17,6	0,092	708,50	3,388	0,119	
8	0,10	id.	17,6	0,092	708,50	3,388	0,119	
9	0,10	id.	26,0	0,136	708,50	3,634	0,125	
10	0,10	id.	27,2	0,142	708,50	3,542	0,123	
						Moyenne.	0,116	
11	0,10	Surfaces onctueuses.	29,0	0,149	708,50	5,082	0,162	
12	0,10	id.	29,0	0,149	708,50	4,312	0,143	
13	0,10	id.	24,0	0,125	708,50	4,312	0,143	
14	0,10	id.	24,0	0,125	708,50	4,312	0,143	
15	0,10	id.	10,3	0,054	708,50	5,238	0,166	
16	0,10	id.	10,0	0,052	708,50	4,928	0,159	$f = \dfrac{FL + 1,341}{(0,96Q + 108,77)r}$
17	0,10	id.	24,0	0,125	708,50	4,312	0,143	
18	0,10	id.	18,7	0,098	708,50	4,620	0,151	
19	0,10	id.	18,7	0,098	708,50	4,004	0,135	
20	0,10	id.	29,0	0,149	708,50	4,928	0,159	
21	0,10	id.	27,2	0,142	708,50	5,544	0,174	
						Moyenne.	0,153	

48. OBSERVATIONS SUR LES RÉSULTATS CONTENUS DANS LE TABLEAU PRÉCÉDENT. Les résultats ci-dessus montrent que le frottement des tourillons en bois de gayac sur des coussinets de fonte est sensiblement le même que celui des tourillons de fonte sur des coussinets de gayac, soit avec enduit, soit quand les surfaces sont seulement onctueuses.

TABLEAU N° XIII.

49. EXPÉRIENCES SUR LE FROTTEMENT DES TOURILLONS EN GAYAC, EN MOUVEMENT SUR DES COUSSINETS EN GAYAC.

N^os des expéri-ences.	DIAMÈTRE des tourillons. $2r$	NATURE de l'enduit.	NOMBRE de tours de l'arbre en 1'.	VITESSE de la circonférence des tourillons en 1".	POIDS de l'arbre et de sa charge. Q	MOMENT de la tension du ressort. FL	RAPPORT du frottement à la pression.	FORMULES EMPLOYÉES et observations.
1	0,10	Saindoux.	27,2	0,142	708,50	1,848	0,080	
2	0,10	id.	27,2	0,142	708,50	1,848	0,080	
3	0,10	id.	20,6	0,108	708,50	0,924	0,060	$f = \dfrac{FL + 1,341}{(0,96Q + 108,77)r}$
4	0,10	id.	24,0	0,125	708,50	1,078	0,063	
5	0,10	id.	18,0	0,095	708,50	1,232	0,065	
6	0,10	id.	25,0	0,131	708,50	1,232	0,065	
						Moyenne.	0,070	

50. OBSERVATIONS SUR LES RÉSULTATS CONTENUS DANS LE TABLEAU PRÉCÉDENT. Les résultats consignés dans le tableau précédent, paraissent montrer que le frottement des tourillons en gayac sur des coussinets de même bois serait assez faible, avec enduit de saindoux, mais je dois faire observer que pendant le mouvement on répandait sans cesse l'enduit sur les surfaces frottantes. Dès que l'on cessait de le faire la résistance augmentait de suite considérablement.

*Récapitulation des résultats des expériences sur le frottement
des tourillons.*

TABLEAU N° XIV.

51. FROTTEMENT DES TOURILLONS EN MOUVEMENT SUR LEURS COUSSINETS.

INDICATION de la nature des surfaces en contact.	ÉTAT des surfaces.	RAPPORT du frottement à la pression.	OBSERVATIONS.
Tourillons de fonte sur coussinets de fonte.	Enduites d'huile d'olive, de saindoux ou de suif.	0,054 0,070 à 0,080	Lorsque l'enduit est sans cesse renouvelé. Lorsque l'enduit se renouvelle à la manière ordinaire.
	Idem et mouillées d'eau........	0,079	
	Enduites d'asphalte..........	0,054	
	Onctueuses..................	0,137	
	Onctueuses et mouillées d'eau...	0,137	
	Très-onctueuses.............	0,073	On devra rapporter à ce cas les tourillons dont l'enduit ne serait pas sans cesse renouvelé.
	Très-onctueuses et mouillées d'eau.....................	0,073	
Tourillons de fonte sur coussinets de bronze.	Enduites d'huile d'olive, de saindoux ou de suif.	0,054 0,070 à 0,080	Lorsque l'enduit est sans cesse renouvelé. Lorsque l'enduit se renouvelle à la manière ordinaire.
	Enduites de cambouis mou.....	0,065	
	Onctueuses..................	0,166	
	Très-peu onctueuses..........	0,194	Les surfaces commençant à se roder.
	Onctueuses et mouillées d'eau...	0,161	
	Onctueuses d'asphalte........	0,091	
	Onctueuses d'asphalte et mouillées d'eau.....................	0,086	
Tourillons en fonte sur coussinets en bois de gayac.	Sans enduit.................	0,185	
	Enduites d'huile............	0,092	L'enduit étant continuellement renouvelé.
	Enduites de suif.............	0,092	
	Enduites d'un mélange de saindoux et de plombagine.......	0,109	
	Onctueuses après avoir été enduites d'huile...............	0,100	
	Onctueuses après avoir été enduites de saindoux et de plombagine....................	0,143	

RÉSUMÉ DES EXPÉRIENCES PRÉCÉDENTES.

Suite du TABLEAU N° XIV.

FROTTEMENT DES TOURILLONS EN MOUVEMENT SUR LEURS COUSSINETS.

INDICATION de la nature des surfaces en contact.	ÉTAT des surfaces.	RAPPORT du frottement à la pression.	OBSERVATIONS.
Tourillons en fer sur coussinets en fonte.	Enduites d'huile d'olive, de saindoux ou de suif.	0,054 0,070 à 0,080	Lorsque l'enduit est sans cesse renouvelé. Lorsque l'enduit se renouvelle à la manière ordinaire.
Tourillons en fer sur coussinets en bronze.	Enduites d'huile d'olive, de saindoux ou de suif. Enduites de saindoux et plombagine .... Enduites de cambouis......... Enduites d'asphalte........... Onctueuses et mouillées d'eau.	0,054 0,070 à 0,080 0,111 0,090 0,090 0,189	Lorsque l'enduit est sans cesse renouvelé. Lorsque l'enduit se renouvelle à la manière ordinaire. L'enduit n'étant pas sans cesse renouvelé. Le cambouis est un peu dur. *Idem.* Les surfaces commencent à se roder.
Tourillons en fer sur coussinets en bois de gayac.	Enduites d'huile............. Enduites de saindoux......... Onctueuses.................	0,114 0,135 0,188	L'enduit se renouvelant à la manière ordinaire.
Tourillons en bronze sur coussinets en bronze.	Enduites d'huile............. Enduites de suif.............	0,101 0,093	L'enduit étant renouvelé à la manière ordinaire.
Tourillons en bronze sur coussinets en fonte.	Enduites d'huile............. Enduites de suif.............	0,052 0,045	L'enduit étant continuellement renouvelé.
Tourillons en gayac sur coussinets de fonte.	Enduites de saindoux......... Onctueuses.................	0,116 0,153	L'enduit étant renouvelé à la manière ordinaire.
Tourillons en bois de gayac sur coussinets en bois de gayac.	Enduites de saindoux.........	0,070	L'enduit étant continuellement renouvelé.

52. Conclusion des expériences sur le frottement des tourillons. En résumé, les résultats des expériences rapportées dans ce mémoire montrent que les lois observées pour le frottement des surfaces planes en mouvement les unes sur les autres s'appliquent aussi à celui des tourillons sur leurs coussinets; mais que la valeur à assigner dans chaque cas au rapport du frottement à la pression dépend de la manière dont l'enduit employé se répand et se renouvelle sur les surfaces de contact, d'où résulte l'avantage et la nécessité des appareils propres à effectuer cette alimentation.

On peut d'ailleurs conclure de l'ensemble de ces expériences que, pour les tourillons de fer et de fonte sur coussinets de fonte, ou de bronze, avec enduit d'huile, de saindoux, ou de suif, ce qui comprend presque tous les cas de la pratique, le rapport du frottement à la pression est le même, et a pour valeur, quand les surfaces sont :

Continuellement alimentées d'enduit	0,054
Alimentées à la manière ordinaire	0,070 à 0,080
Un peu onctueuses, sèches ou mouillées d'eau	0,140 à 0,160

Ces trois résultats sommaires, qui résument à eux seuls presque tous ceux que l'on a obtenus, sont d'ailleurs à peu près les mêmes que nous avons déduits des expériences sur le frottement des mêmes corps à l'état de surfaces planes en mouvement les unes sur les autres, et sont faciles à retenir pour les applications.

53. Résumé général des expériences sur le frottement. Au tableau précédent, qui contient le résumé des expériences sur le frottement des axes de rotation, nous ajouterons les deux suivans dans lesquels sont réunis les résultats de toutes les autres expériences que nous avons exécutées sur le frottement depuis 1831.

TABLEAU N° XV.

FROTTEMENT DES SURFACES PLANES LORSQU'ELLES ONT ÉTÉ QUELQUE TEMPS EN CONTACT.

INDICATION des surfaces en contact.	DISPOSITION des fibres.	ÉTAT des surfaces.	RAPPORT du frottement à la pression.	OBSERVATIONS.
Chêne sur chêne..........	Parallèles.	Sans enduit.	0,62	
	id.	Frottées de savon sec.	0,44	
	Perpendiculaires	Sans enduit.	0,54	
	id.	Mouillées-d'eau.	0,71	
	Bois debout sur bois à plat.	Sans enduit.	0,43	
Chêne sur orme..........	Parallèles.	id.	0,38	
Orme sur chêne..........	id.	id.	0,69	
	id.	Frottées de savon sec.	0,41	
	Perpendiculaires	Sans enduit.	0,57	
Frêne, sapin, hêtre, sorbier sur chêne...............	Parallèles.	id.	0,53	
Cuir tané sur chêne........	Le cuir à plat.	id.	0,61	
	Le cuir de champ	id.	0,43	
	id.	Mouillées d'eau.	0,79	
Cuir noir corroyé sur surface plane en chêne. ou courroie sur tambour en chêne.	Parallèles.	Sans enduit.	0,74	
	Perpendiculaires	id.	0,47	
Natte de chanvre sur chêne ..	Parallèles.	id.	0,50	
	id.	Mouillées d'eau.	0,87	
Corde de chanvre sur chêne..	id.	Sans enduit.	0,80	
Fer sur chêne............	id.	id.	0,62	
	id.	Mouillées d'eau.	0,65	
Fonte sur chêne..........	id.	id.	0,65	
Cuivre jaune sur chêne.....	id.	Sans enduit.	0,62	
Cuir de bœuf pour garniture de piston, sur fonte.	A plat ou de champ.	Mouillées d'eau.	0,62	
	id.	Avec huile, suif ou saindoux.	0,12	
Cuir noir corroyé ou courroie sur poulie en fonte.	A plat.	Sans enduit.	0,28	
	id.	Mouillées d'eau.	0,38	

Suite du TABLEAU Nº XV.

FROTTEMENT DES SURFACES PLANES LORSQU'ELLES ONT ÉTÉ QUELQUE TEMPS
EN CONTACT.

INDICATION des surfaces en contact.	DISPOSITION des fibres.	ÉTAT des surfaces.	RAPPORT du frottement à la pression.	OBSERVATIONS.
Fonte sur fonte............	»	Sans enduit.	0,16	Les surfaces conservant quelqu'onctuosité.
Fer sur fonte.............	»	*id.*	0,19	
Chêne, orme, charme, fer, fonte et bronze, glissant deux à deux l'un sur l'autre.	»	Enduites de suif.	0,10	Lorsque le contact n'a pas duré assez long-temps pour exprimer l'enduit.
		Enduites d'huile ou de saindoux.	0,15	Lorsque le contact a duré assez long-temps pour exprimer l'enduit et ramener les surfaces à l'état onctueux.
Pierre calcaire oolithique sur calcaire oolithique........	»	Sans enduit.	0,74	
Pierre calcaire dure dite muschelkalk sur calcaire oolithique.................	»	*id.*	0,75	
Brique sur calcaire oolithique.	»	*id.*	0,67	
Chêne sur *id.*.........	Bois debout.	*id.*	0,63	
Fer sur *id.*........	»	*id.*	0,49	
Pierre calcaire dure ou muschelkalk sur muschelkalk..	»	*id.*	0,70	
Pierre calcaire oolithique sur muschelkalk.............	»	*id.*	0,75	
Brique sur muschelkalk....	»	*id.*	0,67	
Fer sur *id.*..........	»	*id.*	0,42	
Chêne sur *id.*.........	»	*id.*	0,64	
Pierre calcaire oolithique sur calcaire oolithique.	»	Avec enduit de mortier de trois parties de sable fin, et une partie de chaux hydraulique.	0,74	Après un contact de 10 à 15'.

TABLEAU N° XVI.

FROTTEMENT DES SURFACES PLANES EN MOUVEMENT LES UNES SUR LES AUTRES.

INDICATION des surfaces en contact.	DISPOSITION des fibres.	ÉTAT des surfaces.	RAPPORT du frottement à la pression.	OBSERVATIONS.
Chêne sur chêne............	Parallèles.	Sans enduit.	0,48	
	id.	Frottées de savon sec.	0,16	
	Perpendiculaires	Sans enduit.	0,34	
	id.	Mouillées d'eau.	0,25	
	Bois debout sur bois à plat.	Sans enduit.	0,19	
Orme sur chêne............	Parallèles.	id.	0,43	
	Perpendiculaires	id.	0,45	
	Parallèles.	id.	0,25	
Frêne, sapin, hêtre, poirier sauvage et sorbier, sur chêne.	id.	id.	0,86 à 0,40	
Fer sur chêne............	id.	id.	0,62	
	id.	Mouillées d'eau	0,26	
	id.	Frottées de savon sec.	0,21	
Fonte sur chêne..........	id.	Sans enduit.	0,49	
	id.	Mouillées d'eau.	0,22	
	id.	Frottées de savon sec.	0,19	
Cuivre jaune sur chêne.....	id.	Sans enduit.	0,62	
Fer sur orme............	id.	id.	0,25	
Fonte sur orme...........	id.	id.	0,20	
Cuir noir corroyé sur chêne..	id.	id.	0,27	
Cuir tanné sur chêne.......	A plat ou de champ.	id.	0,30 à 0,35	
	id.	Mouillées d'eau.	0,29	
Cuir tanné sur fonte et sur bronze.	A plat ou de champ.	Sans enduit.	0,56	
	id.	Mouillées d'eau.	0,36	
	id.	Onctueuses et mouillées d'eau.	0,23	
	id.	Enduites d'huile.	0,15	
Chanvre en brins ou en corde sur chêne.	Parallèles.	Sans enduit.	0,52	
	Perpendiculaires	Mouillées d'eau.	0,33	

Suite du TABLEAU N° XVI.

FROTTEMENT DES SURFACES PLANES EN MOUVEMENT LES UNES SUR LES AUTRES.

INDICATION des surfaces en contact.	DISPOSITION des fibres.	ÉTAT des surfaces.	RAPPORT du frottement à la pression.	OBSERVATIONS.
Chêne et orme sur fonte....	Parallèles.	Sans enduit.	0,38	
Poirier sauvage sur fonte....	id.	id.	0,44	
Fer sur fer...............	id.	id.	»	Les surfaces se rodent dès qu'il n'y a pas d'enduit.
Fer sur fonte et sur bronze..	»	id.	0,18	
Fonte sur fonte et sur bronze.	»	id.	0,15	Les surfaces conservant encore un peu d'onctuosité.
Bronze { sur bronze........	»	id.	0,20	
Bronze { sur fonte........	»	id.	0,22	
Bronze { sur fer..........	»	id.	0,16	Les surfaces étant un peu onctueuses.
Chêne, orme, charme, poirier sauvage, fonte, fer, acier et bronze, glissant l'un sur l'autre ou sur eux-mêmes.	»	Lubrifiées à la manière ordinaire avec enduit de suif, saindoux, huile, cambouis mou, etc.	0,07 à 0,08	Lorsque l'enduit est sans cesse renouvelé et uniformément réparti, ce rapport peut s'abaisser jusqu'à 0,05.
		Légèrement onctueuses au toucher.	0,15	
Pierre calcaire oolithique sur calcaire oolithique........	»	Sans enduit.	0,64	
Pierre calcaire dite muschelkalk sur calcaire oolithique..	»	id.	0,67	
Brique ordinaire sur calcaire oolithique..............	»	id.	0,65	
Chêne sur calcaire oolithique.	Bois debout.	id.	0,38	
Fer forgé sur calcaire oolithique.................	Parallèles.	id.	0,69	
Pierre calcaire dite muschelkalk sur muschelkalk.....	»	id.	0,38	
Pierre calcaire oolithique sur muschelkalk............	»	id.	0,65	
Brique ordinaire sur muschelkalk...................	»	id.	0,60	
Chêne sur muschelkalk.....	Bois debout.	id.	0,38	
Fer sur muschelkalk.	Parallèles.	id.	0,24	
	id.	Mouillées d'eau.	0,30	

TABLE DES MATIÈRES.

www.ingramcontent.com/pod-product-compliance
Ingram Content Group UK Ltd.
Pitfield, Milton Keynes, MK11 3LW, UK
UKHW022058070726
13613UKWH00002B/859